LV·Buch Wir lieben das Landleben.

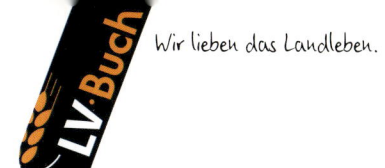

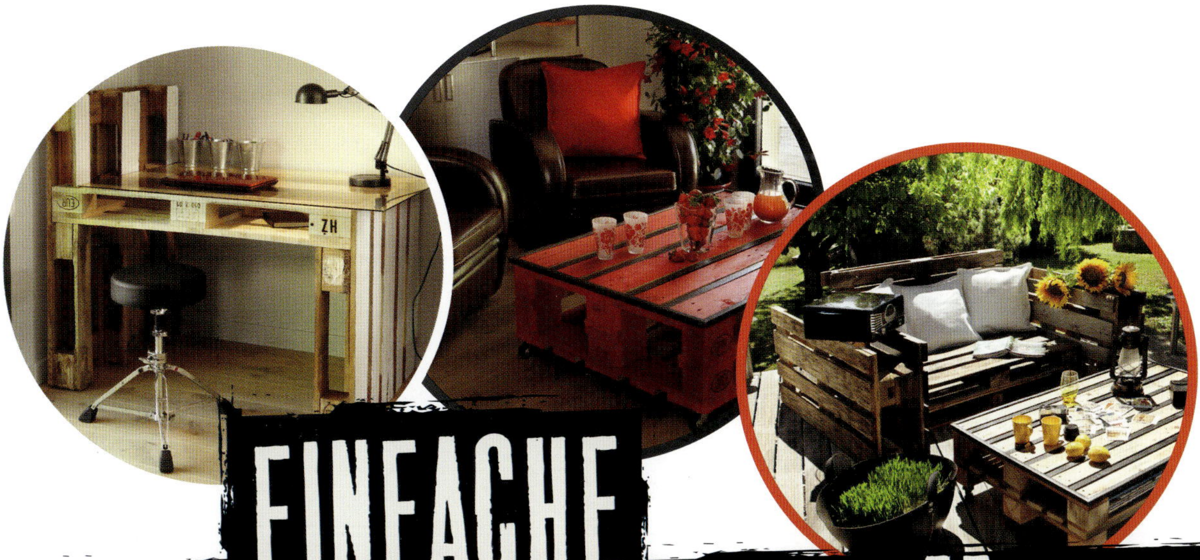

EINFACHE PALETTEN-MÖBEL BAUEN

18 Schritt-für-Schritt-Anleitungen
mit Handsäge, Schrauber & Leim

MAUD VIGNANE & ALBAN LECOANET

INHALT

PALETTEN IM NATUR-LOOK 8

FARBENFROHE VARIANTE 39

KLASSISCHES SCHWARZ-WEIß 74

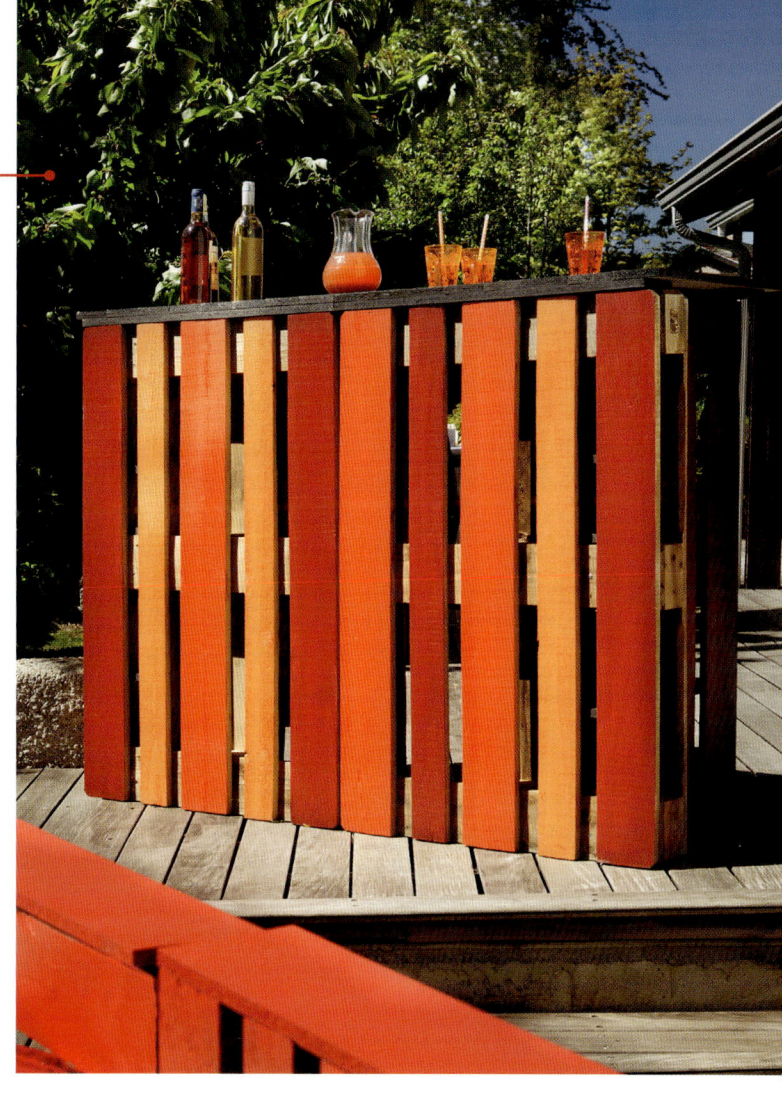

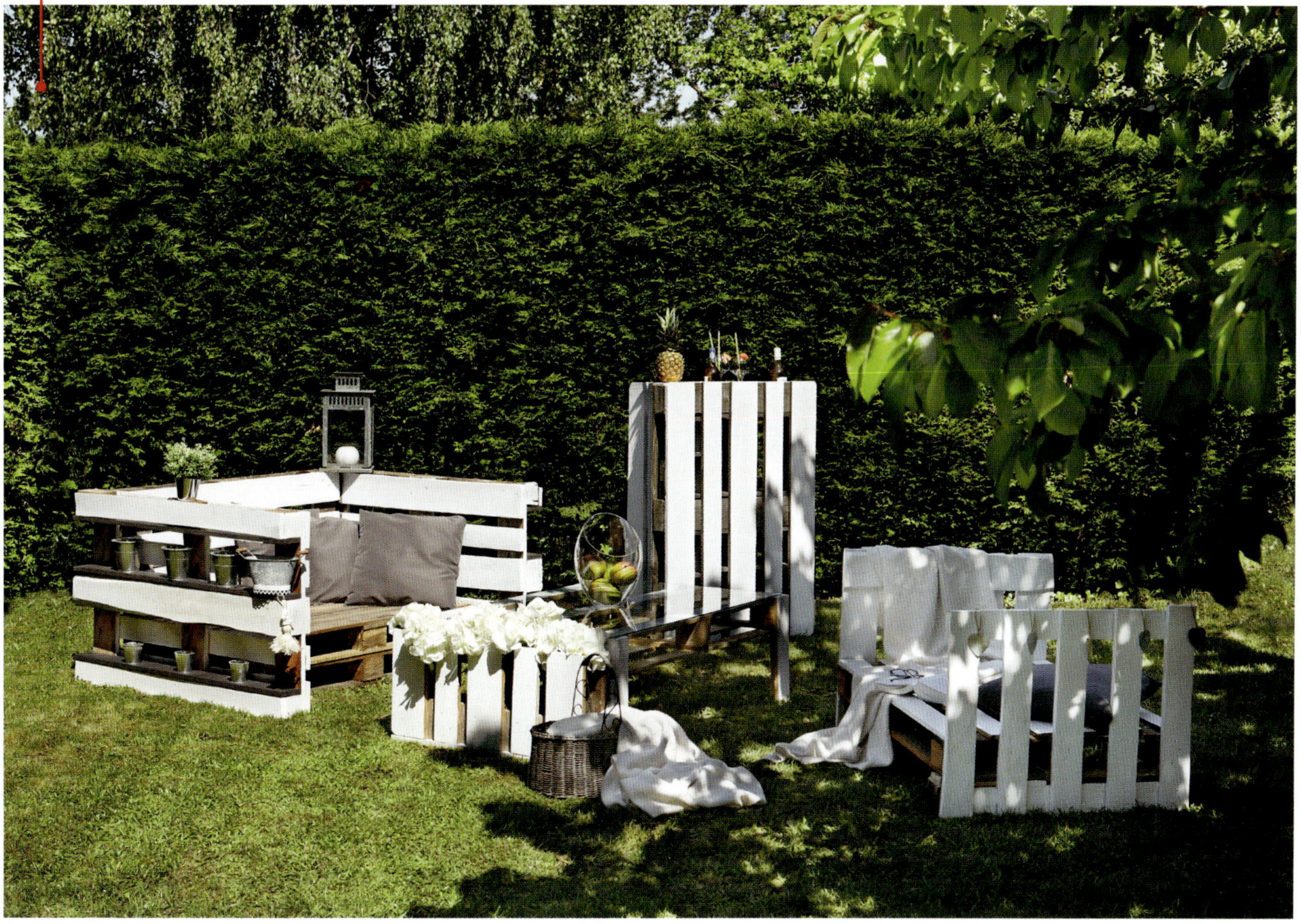

EINLEITUNG

DAS BAUMATERIAL: PALETTEN

Warum verwenden wir Paletten als Baumaterial? Die Palette kann auch nach ihrer ursprünglichen Bestimmung weiterverwertet werden. Über den ökologischen Aspekt und die geringen Materialkosten hinaus, bietet sich die Palette durch Größe und Beschaffenheit hervorragend zum Möbeldesign und zum Möbelbau an.

Bevor wir mit der Verarbeitung der Paletten beginnen, möchten wir auf die Herstellung und die ursprüngliche Verwendung der Palette hinweisen, um besser zu verstehen, was die Palette zum geeigneten Baumaterial macht.

Die Palette wurde in den USA entwickelt, mit dem Ziel das Handling, den Transport und die Lagerung von Waren zu erleichtern. Die Grundidee war einfach. Es ging darum, Transport- und Lagerkapazität optimal zu nutzen. Wie konnte man möglichst effizient einen Eisenbahnwaggon mit Ware beladen? Captain Charles D. Kirk und sein Stellvertreter Leutnant Walter T. Sheldon fanden in den 1940er Jahren die Lösung. Sie hatten die Idee einen Waggonboden in Quadrate von 1,20 m Seitenlänge einzuteilen und erprobten anschließend mehrere mögliche Kombinationen für das Verpacken der Ware entsprechend dieser Maße.

Die Palette hat vorgegebene Formen, Größen und Eigenschaften, sie ist je nach Palettentyp für unterschiedliche Waren geeignet und kann mit dem Gabelstapler transportiert werden. Die am häufigsten verwendete Palette ist die ‚Europalette', die 0,80 m breit und 1,20 m lang ist. Selbst wenn eine Palette nicht als EUR-EPAL gestempelt ist, kann sie trotzdem die selben Maße haben. Es gibt jedoch auch andere Größen. Für den Bau der Palettenmöbel müssen Sie die Paletten sorgfältig auswählen und prüfen, ob die Maße für den Bau des gewünschten Möbels geeignet sind. Für das Zusammenbauen ist es wichtig, dass die verwendeten Paletten dieselben Maße haben.

Mit diesem Buch möchten wir zum Möbelbau mit Paletten inspirieren und geben daher nicht die Größen der Normpaletten an. Wenn alle für ein Möbel verwendeten Paletten von identischer Größe und Machart sind, ist das Zusammenbauen leicht möglich.

Besorgen Sie sich Paletten bei einem Händler, der gebrauchte Paletten ankauft, diese repariert und wiederverkauft.

Möbel aus Paletten zu bauen ist nicht nur kostengünstig, sondern wir fördern hier eine wahrhaft umweltfreundliche Recyclingmethode. Bereits die Palettenherstellung selbst erfordert keinen großen industriellen Aufwand und wir verwenden die Palette nach ihrem eigenen Lebenszyklus weiter.

GESTALTUNGSVARIANTEN

In diesem Buch bieten wir drei farbliche Gestaltungsvarianten für Ihre Palettenmöbel an. Selbstverständlich kann jede Variante für jedes Möbel verwendet werden. Sie können zum Beispiel, bei dem Model „Große Bar" das Holz in seiner natürlichen Form belassen oder es streichen.

Beim Möbelbau mit Paletten ist es wichtig, auf die Eigenheiten des Materials einzugehen. Trotz Bearbeitung und Gestaltung wird die Palette als Ausgangsmaterial immer zu erkennen sein. Die drei Gestaltungsvarianten sind: Naturholz, farbig und schwarz-weiß.

Für die Variante Naturholz - Palette im Natur-Look - genügt es, die Palette abzuschleifen und anschließend Klarlack als Holzschutz aufzutragen. Lackieren Sie vor allem die Tische und die Theken, damit diese abwaschbar sind.

Die beiden anderen Gestaltungsvarianten - farbig und in klassischem schwarz-weiß - werden auf dieselbe Art gearbeitet: Die Paletten werden zunächst abgeschliffen, dann werden mehrere Schichten der gewünschten Farbe aufgetragen. Soll das Holz durchscheinen (Lasur), tragen Sie nur eine Schicht Farbe auf. Lediglich die weiße Farbe muss mehrmals aufgetragen werden. Bei nur einer Farbschicht scheint die Holzmaserung durch und die weiße Farbe kann eine gelbliche oder bräunliche Tönung annehmen. Mit zwei oder drei Farbschichten weiß (je nach verwendeter Farbe) können Sie diesen Effekt vermeiden.

Es empfiehlt sich auf die Möbel, die Sie streichen möchten, vor dem Abschleifen der Palette eine erste Farbschicht aufzutragen. So stellen sich die Holzfasern vor dem Abschleifen auf. Je nach verwendeter Farbe, kann es erforderlich sein, eine Lackschicht zum Schutz des Anstrichs aufzutragen.

Streichen Sie nur eine Seite der Holzbretter Ihres Möbels. Es ist relativ schwierig die gesamte Palette an den schlecht zugänglichen Stellen richtig zu streichen, es sei denn Sie verwenden eine Farbspraydose. Wir haben zum Streichen der Möbel eine kleine Lackrolle verwendet.

Für die drei Gestaltungsvarianten, Naturholz, farbig und schwarz-weiß, haben wir außer den Paletten, auch Holzbretter zum Möbelbau verwendet. Für die Modelle in diesem Buch haben wir zusätzlich Spanplatten verwendet. Sie können in den meisten Baumärkten die Platten oder Holzbretter auf das passende Maß zusägen lassen. Wir streichen oder lackieren die unbehandelten Bretter. In den Baumärkten sind jedoch auch bereits beschichtete Bretter (z. B. mit Melaminbeschichtung) erhältlich. Natürlich finden Sie im Handel noch viele weitere Produkte, um die unterschiedlichsten Effekte zu erzielen. Lassen Sie Ihrer Kreativität freien Lauf, um das neue Möbelstück Ihrer Einrichtung anzupassen und ganz nach Ihren Wünschen zu gestalten.

DANKSAGUNG

Mein Dank geht an Viviane Rousset, für ihre Unterstützung bei diesem Buch und für das in uns gesetzte Vertrauen, bezüglich seiner Herstellung.

Dank auch an Corinne Vignane für den Tipp.

Danke an das Team ‚Expedition' der Éditions de Saxe, das uns alles, was zur Herstellung der Möbel benötigt wurde, zur Verfügung gestellt hat.

Dank an Didier und Jennifer für das Styling und die Fotos in diesem Buch.

Danke an Sarah El Karmiti für ihre Titelvorschläge und Ideen.

GLOSSAR

MATERIAL UND WERKZEUG

**das wir für den Bau der Möbel in diesem Buch
verwendet haben:**

Fuchsschwanz: Mit dieser Säge können Sie
die Palette zersägen. Dank des ergonomischen Griffs
liegt die Säge gut in der Hand.
Tipp: Lassen Sie die zusätzlichen Holzbretter im
Baumarkt gleich in den passenden Größen zusägen,
damit Sie saubere Sägekanten erhalten.

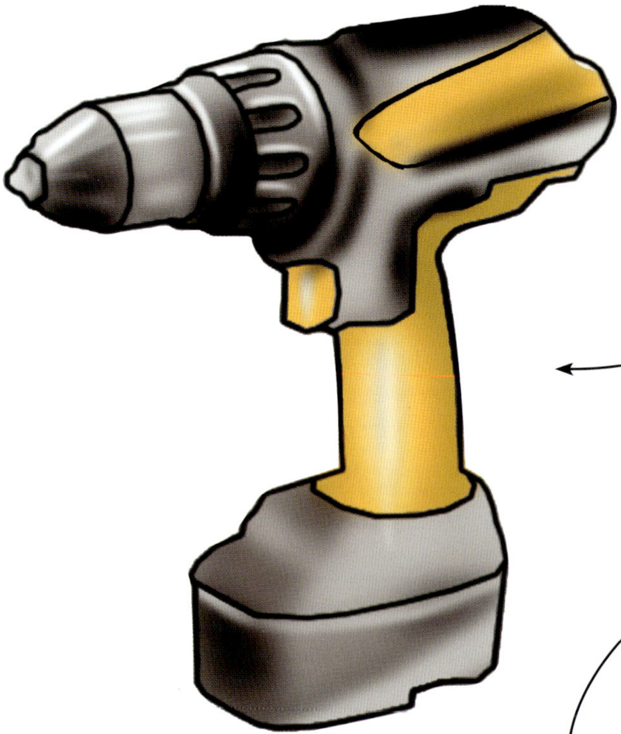

Akkuschrauber: Da das Holz der Palette sehr
weich ist, können Sie mit einem kleinen, weniger
starken Akkuschrauber arbeiten. Ein kleines,
handliches Modell erleichtert das Schrauben in
Ecken und Winkeln.

Schrauben: Aufgrund der schwarzen Farbe
haben wir in erster Linie Schnellbauschrauben
für Gipskartonwände verwendet. Jedoch ist es
in manchen Fällen besser, Holzschrauben zu
verwenden, um Risse zu vermeiden.
Achten Sie darauf, für die jeweilige
Schraube den richtigen Bit zu
verwenden, da Sie sonst die
Schraube beschädigen.

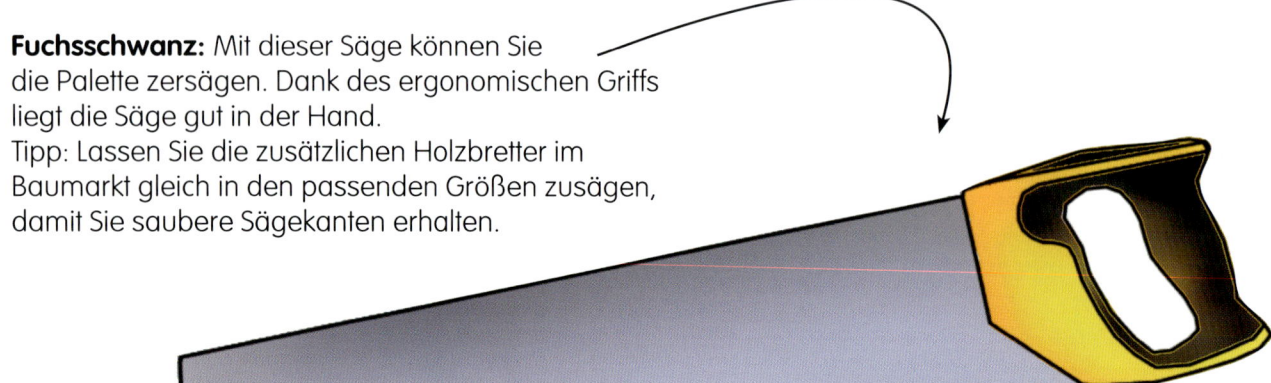

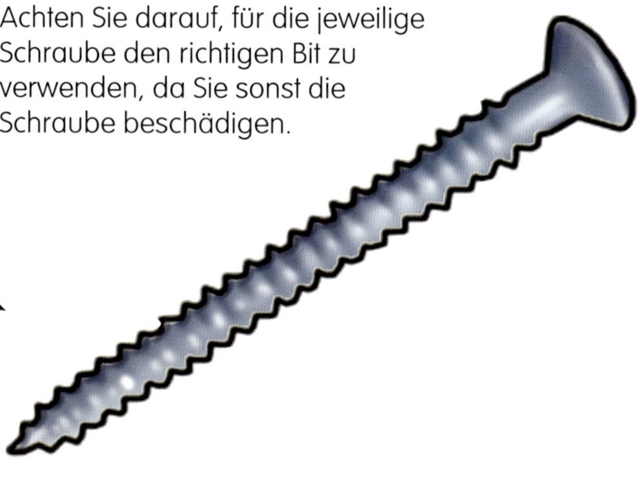

Klarlack: Die Paletten, die nicht gestrichen werden (Natur-Look), müssen lackiert werden. Wir haben matten Sprühklarlack verwendet, der für den Innenraum geeignet ist. Für den Außenbereich empfehlen wir, flüssigen Klarlack mit dem Pinsel aufzutragen, da dieser dicker ist und somit einen besseren Schutz bietet.

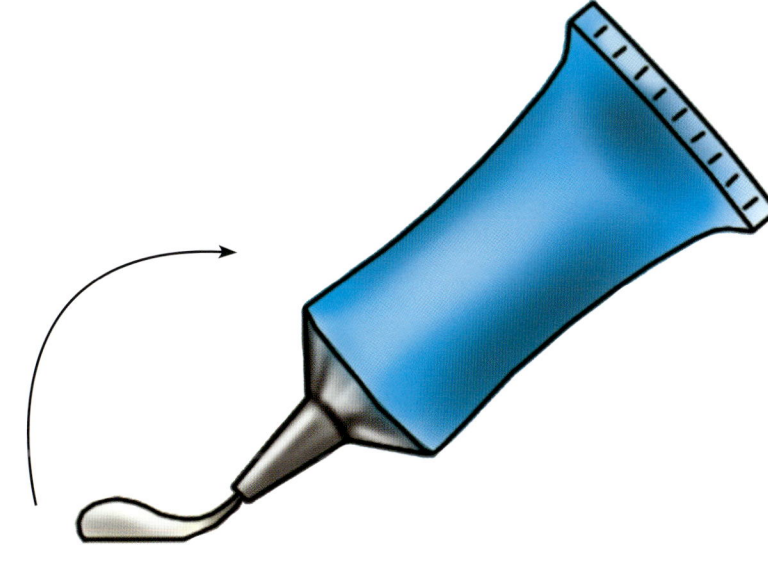

Kleber: Für die Klebeverbindungen haben wir einen Mehrzweck-PU-Kleber in der Kartusche verwendet, der sich mit der Kartuschenspitze gut auftragen lässt. Zur Verwendung der Kartusche benötigen Sie eine Kartuschenpistole.

Rollen: Für die Couch- oder Beistelltische, haben wir Lenkrollen verwendet. Sie sind in unterschiedlichen Durchmessern und Farben erhältlich. Achten Sie auf die Tragfähigkeit der Rollen, da die Paletten ziemlich schwer sind. Wir empfehlen kugelgelagerte Transportrollen für Möbel.

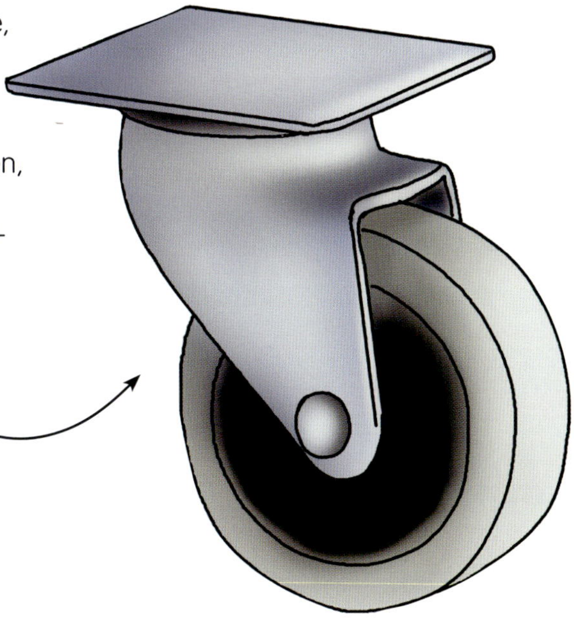

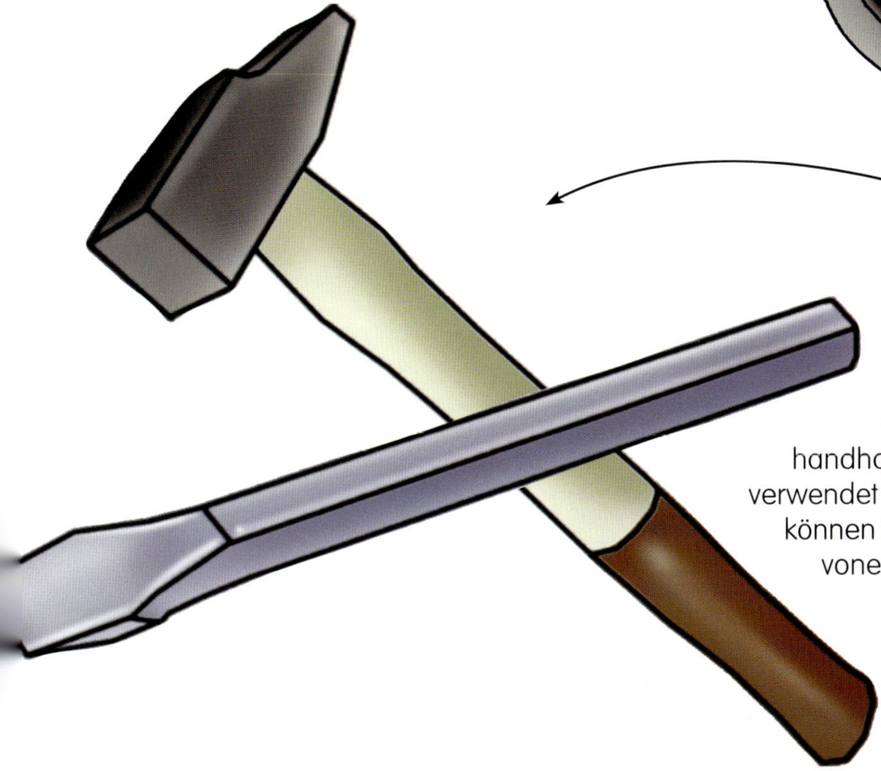

Hammer und Meißel: Für einige Möbel benötigen wir die Bretter der Paletten. Verwenden Sie zum Auseinanderbauen einen Zimmermannshammer. Er ist leicht zu handhaben und das schmale Ende kann als Hebel verwendet werden. Mit einem dünnen, stabilen Meißel können Sie zwei zusammengenagelte Bretter voneinander trennen.

7

PALETTEN IM NATUR-LOOK

ECKBAR

BAUPLAN

MATERIAL

- ▶ 2 Paletten
- ▶ Zusätzliche Holzbretter oder Spanplatten in der gewünschten Ausführung (Naturholz, wenn Sie sie streichen möchten) können in den Baumärkten auf Maß zugesägt werden
- ▶ **a:** Brett für die Arbeitsplatte der Bar
- ▶ **b:** Brett für den zweiten Teil der Arbeitsplatte
- ▶ **c:** Regalbrett für die Bar
- ▶ **d:** Kleine Bretter zum Einsetzen in die Palettenzwischenräume als Flaschenfächer
- ▶ 70 Schrauben, 55 mm
- ▶ 5 Befestigungswinkel
- ▶ Holzleim

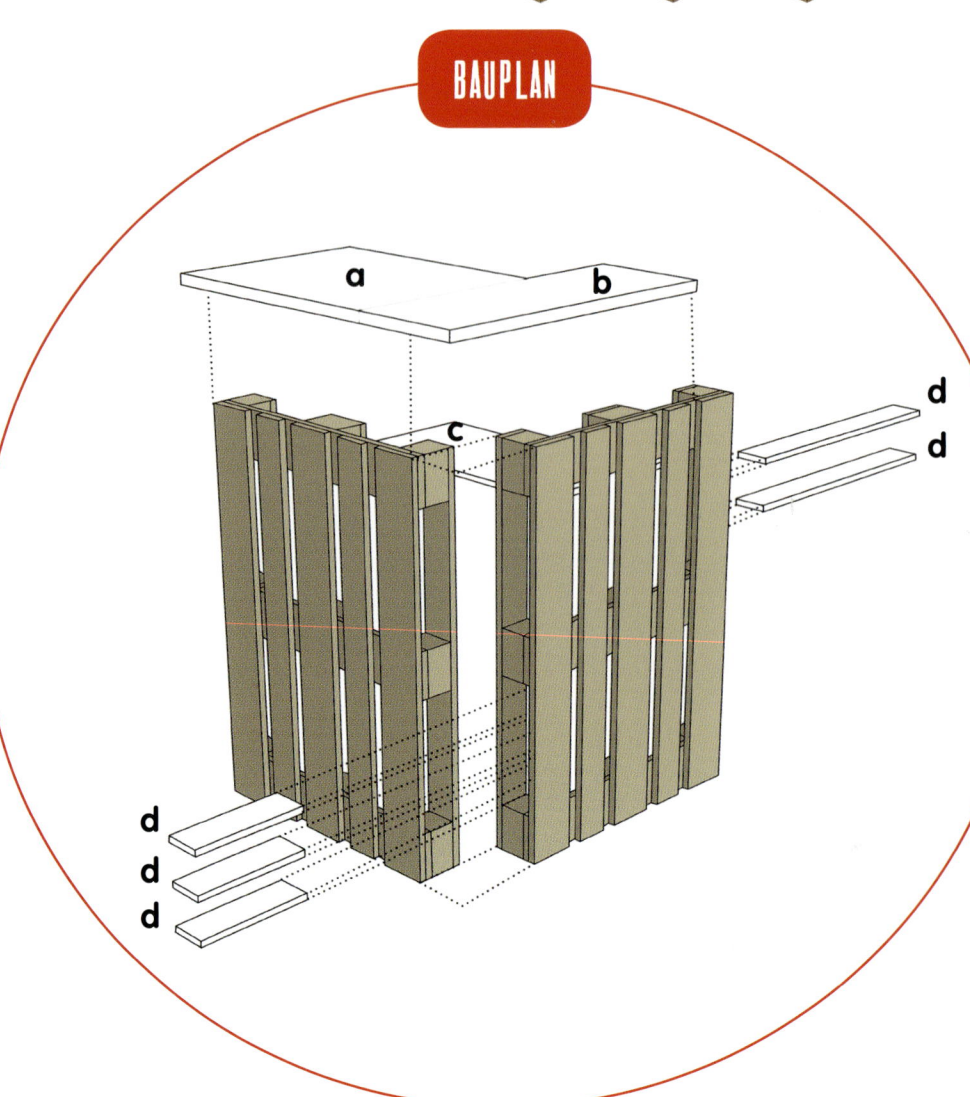

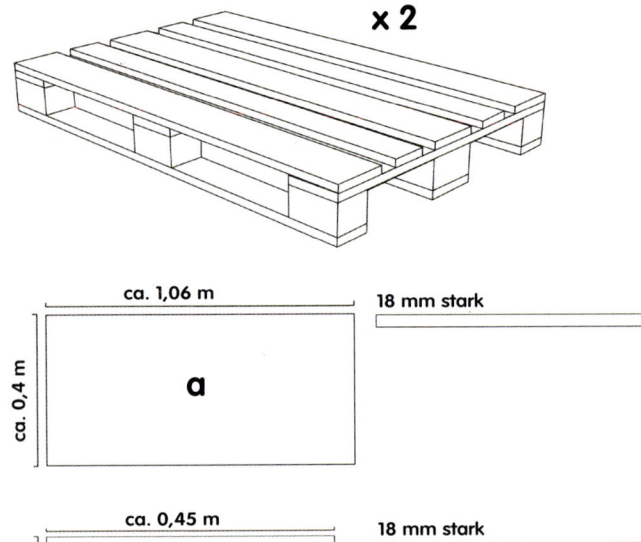

× 2

ca. 1,06 m

ca. 0,4 m

a

18 mm stark

× 1

ca. 0,45 m

ca. 0,23 m

b

18 mm stark

× 1

ca. 0,79 m

ca. 0,35 m

c

18 mm stark

×

ca. 0,80 m

ca. 0,10 m

d

18 mm stark

×

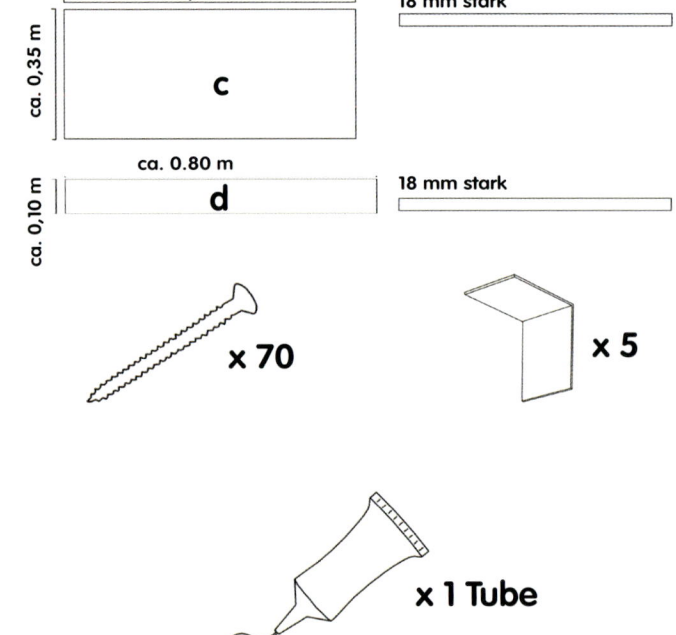

× 70

× 5

× 1 Tube

WERKZEUG

Akkuschrauber
Hammer

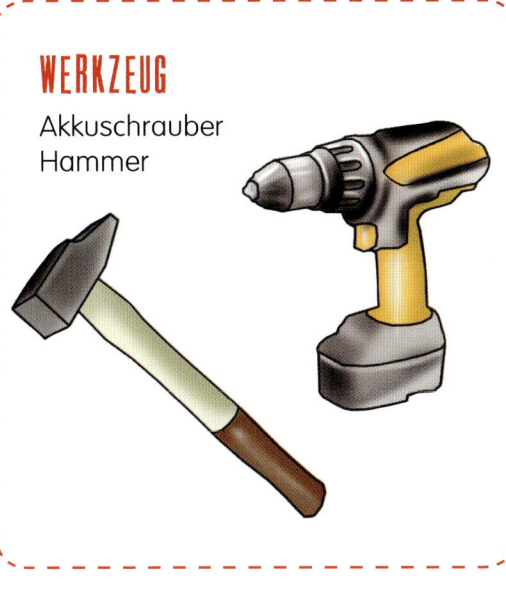

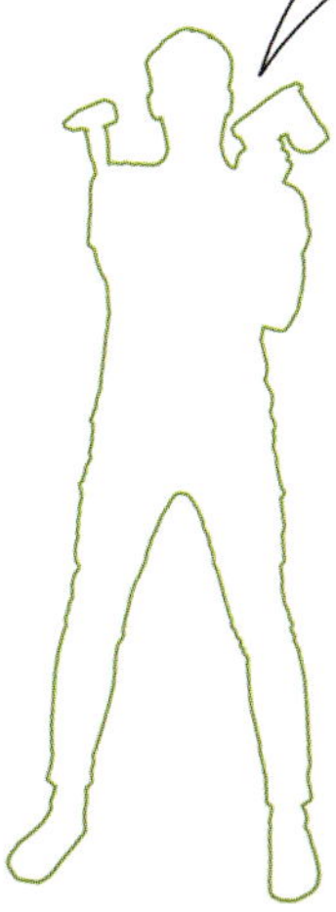

Messen Sie die Größe der zusätzlich benötigten Holzbretter oder Spanplatten an der Bar, nachdem Sie die Paletten zusammengebaut haben. Die Maßangaben in der Materialliste sind nur als Anhaltspunkt gedacht.

AUSARBEITUNG

Für dieses Möbel haben wir die Gestaltungsvariante Natur-Look gewählt. Die Paletten wurden nur abgeschliffen und lackiert. Die zusätzlichen Regalbretter aus Naturholz wurden gestrichen. Verwenden Sie für die Bearbeitung der Palette eine Schleifmaschine mit 120er Schleifpapier, eine Dose Klarlack (oder eine Lackspraydose) und Farbe Ihrer Wahl für die zusätzlichen Bretter. Die Regalböden und die beiden Bretter für die Arbeitsplatte müssen vor dem Zusammenbauen gestrichen werden.

Wenn Sie für die Arbeitsplatte eine dunkle Farbe wählen, verwenden Sie schwarze Schrauben, die nach dem Zusammenbauen nicht mehr zu sehen sind. Falls das nicht geklappt hat, verkitten Sie die Schraubenköpfe und streichen Sie die Arbeitsplatte noch einmal, damit die Schrauben nicht mehr sichtbar sind.

SCHRITT-FÜR-SCHRITT:

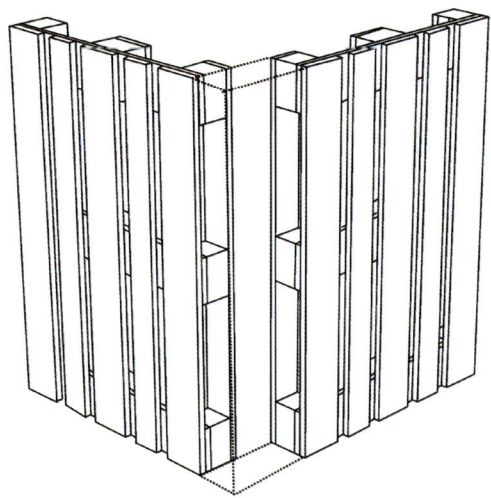

◄ **A.** Setzen Sie die beiden Paletten hochkant zu einem rechten Winkel zusammen. Die Deckplatten der Paletten müssen sich auf der Außenseite des Winkels befinden.
Setzen Sie die Paletten so zusammen, dass die Klötze auf einer Höhe sind.

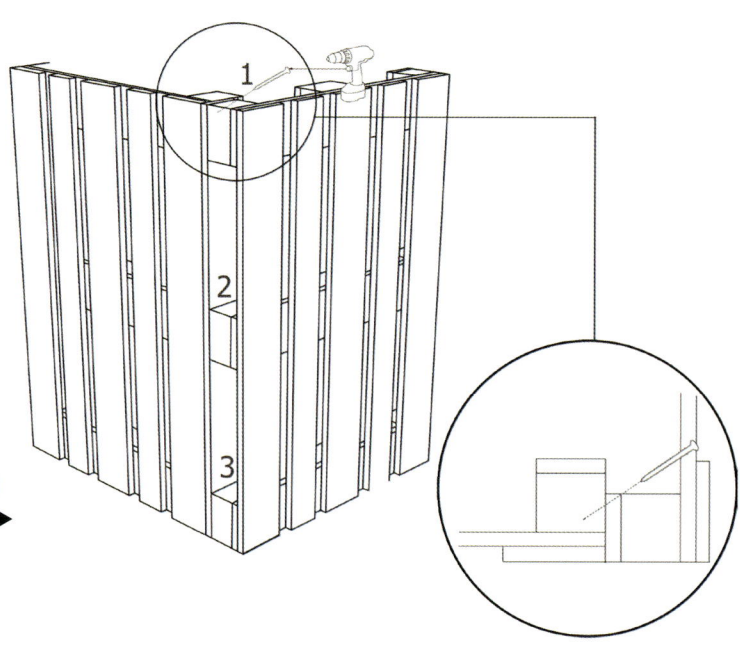

B. Schrauben Sie die beiden Paletten auf Höhe der Klötze zusammen, setzen Sie die Schraube diagonal, sodass sie durch die ersten beiden Klötze geht. Führen Sie diesen Vorgang an allen drei übereinanderliegenden Klötzen durch. ▶

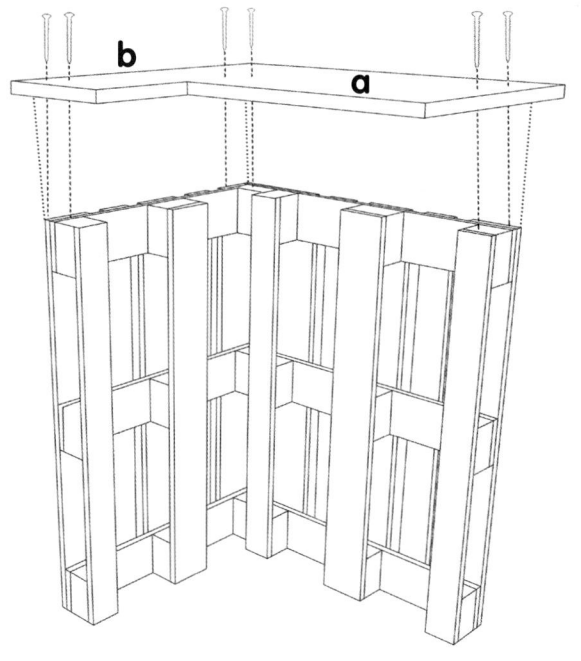

◄ **C.** Nachdem Sie die beiden Paletten zusammengeschraubt haben, setzen Sie die zuvor gestrichenen Bretter der Arbeitsplatte (Brett **a** und **b**) darauf und schrauben Sie diese fest.

D. Setzen Sie nun die Regalböden ein: Das große Brett (Brett **c**) wird mit Befestigungswinkeln, die unter dem Brett angebracht werden, eingesetzt.
Die kleinen Regalböden (Bretter **d**) für die Flaschenfächer können auf Höhe der Klötze verklebt oder von der Außenseite der Palette festgeschraubt werden. Ebenso wie bei der Arbeitsplatte sollten Sie die Elemente vor dem Zusammenbauen streichen, falls Sie dies wünschen. ▼

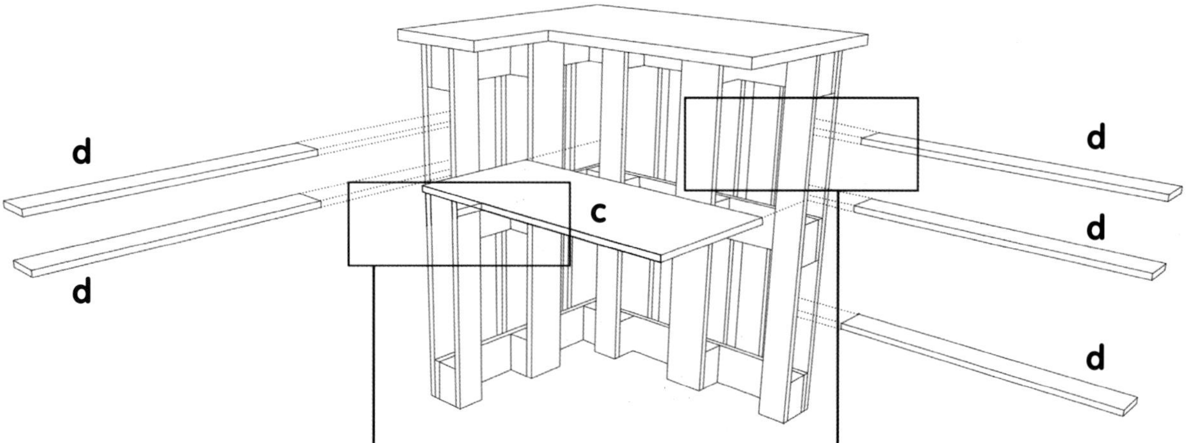

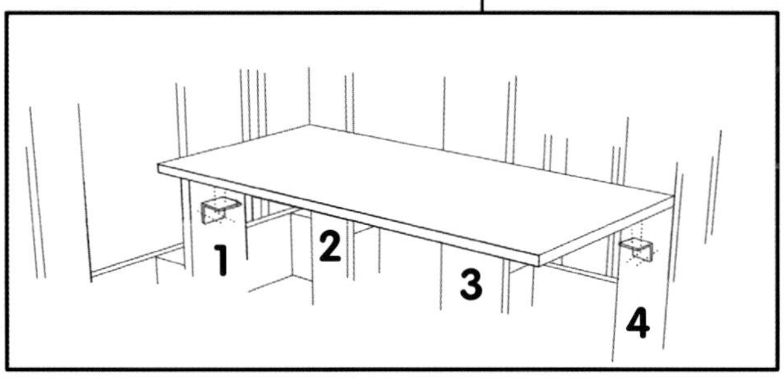

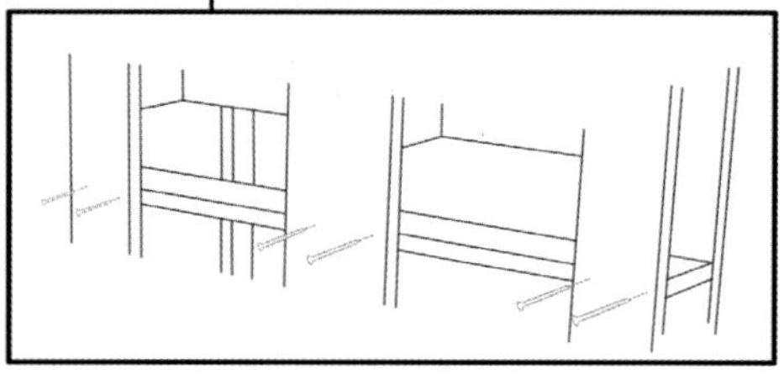

E. Die Bar ist fertig. Ganz nach Belieben können Sie eine Schicht Klarlack auftragen, um die Paletten und die Arbeitsplatten zu imprägnieren und vor Flecken zu schützen. ►

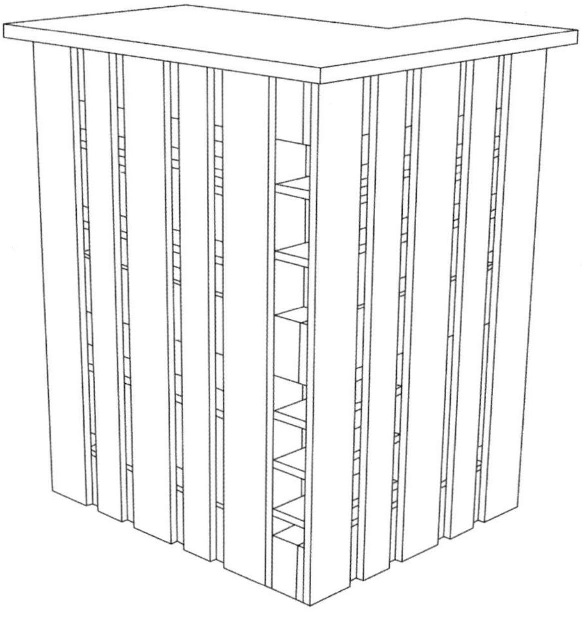

COUCHTISCH

COUCHTISCH

BAUPLAN

WERKZEUG

Akkuschrauber
Hand- oder Kreissäge

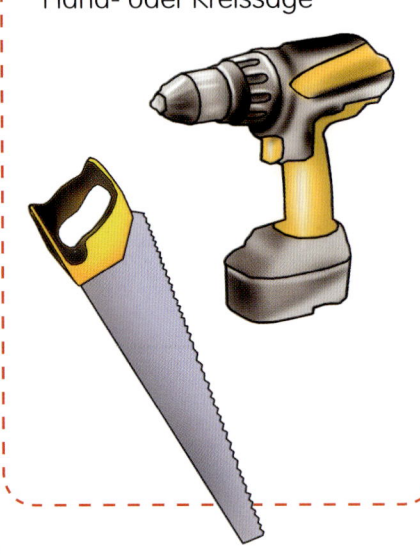

Sie können mit der Farbspray-dose den metallischen Effekt an den L-Profilen und den Leisten betonen! Denken Sie jedoch daran, die Spray-dosen unbedingt im Freien zu verwenden.

MATERIAL

- ▸ 2 Paletten
- ▸ 4 L-Profile für die Tischkanten: 2 L-Profile mit 80 cm Länge und zwei L-Profile mit 120 cm Länge
- ▸ 4 Leisten mit 2 x 3 x 120 cm Länge zum Einsetzen zwischen die Bretter der oberen Palette
- ▸ 4 Rollen
- ▸ 1 Farbspraydose
- ▸ 1 Lackspraydose
- ▸ 1 Tube Kleber
- ▸ 25 Schrauben, 55 mm

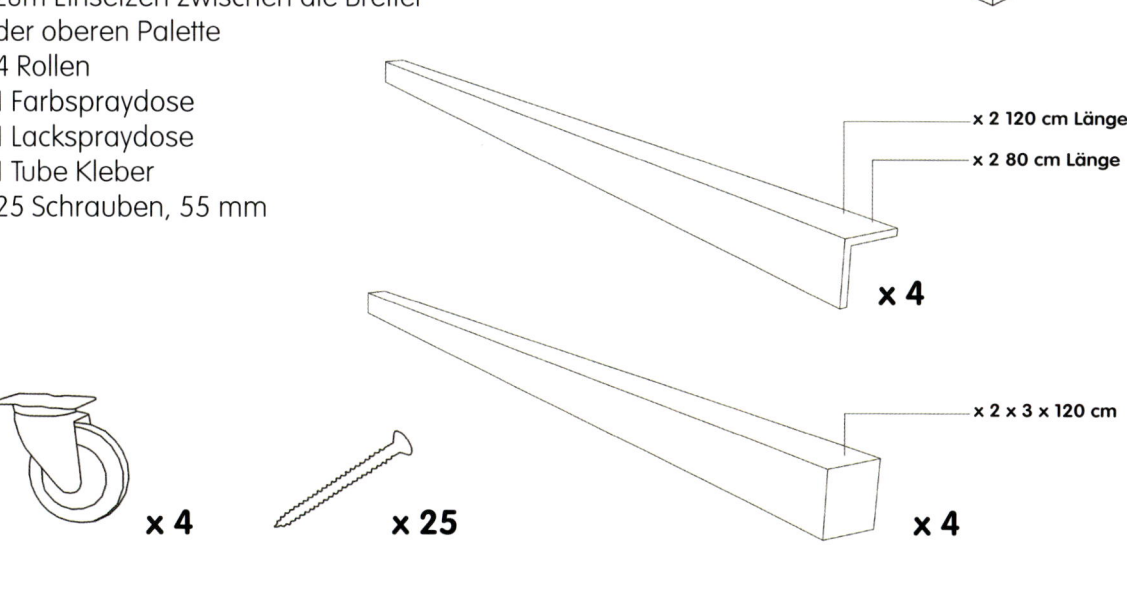

x 2

x 2 120 cm Länge

x 2 80 cm Länge

x 4

x 2 x 3 x 120 cm

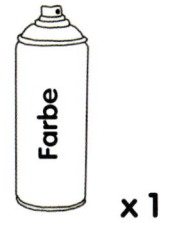

x 4

x 25

x 4

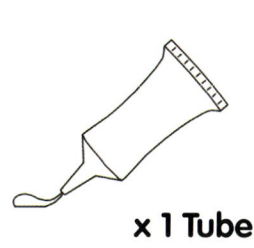

Farbe

x 1

Klarlack

x 1

x 1 Tube

AUSARBEITUNG

Für dieses Möbel haben wir die Gestaltungsvariante Natur-Look gewählt.
Die Paletten wurden nur abgeschliffen. Die Leisten und die L-Profile wurden
vor dem Aufschrauben gestrichen.
Verwenden Sie hierzu eine Schleifmaschine mit 120er Schleifpapier, eine
Farbspraydose und eine Lackspraydose.

SCHRITT-FÜR-SCHRITT

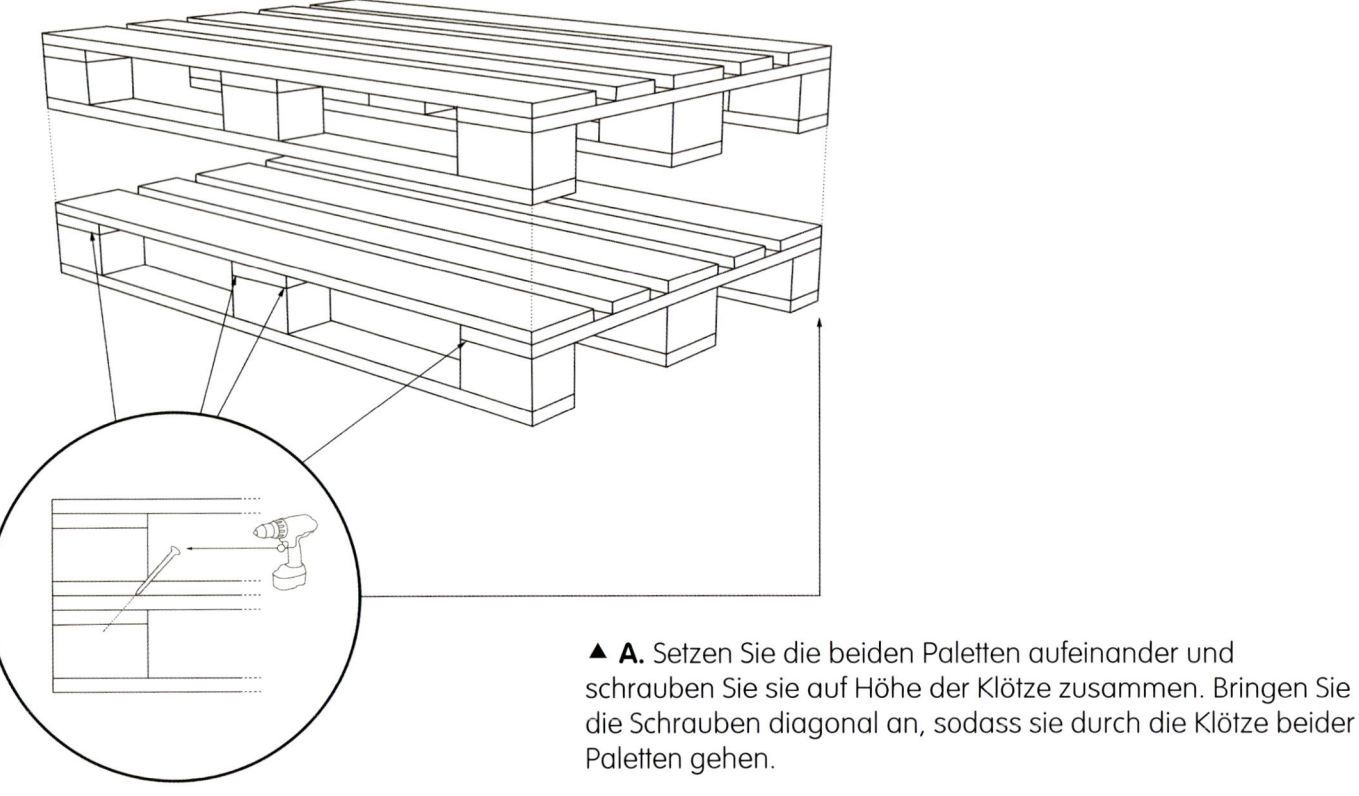

▲ **A.** Setzen Sie die beiden Paletten aufeinander und
schrauben Sie sie auf Höhe der Klötze zusammen. Bringen Sie
die Schrauben diagonal an, sodass sie durch die Klötze beider
Paletten gehen.

B. Schrauben Sie die vier
Rollen an die vier Ecken unter
die untere Palette. Schrauben
Sie die Rollen nicht zu nah an
den Rand. ▶

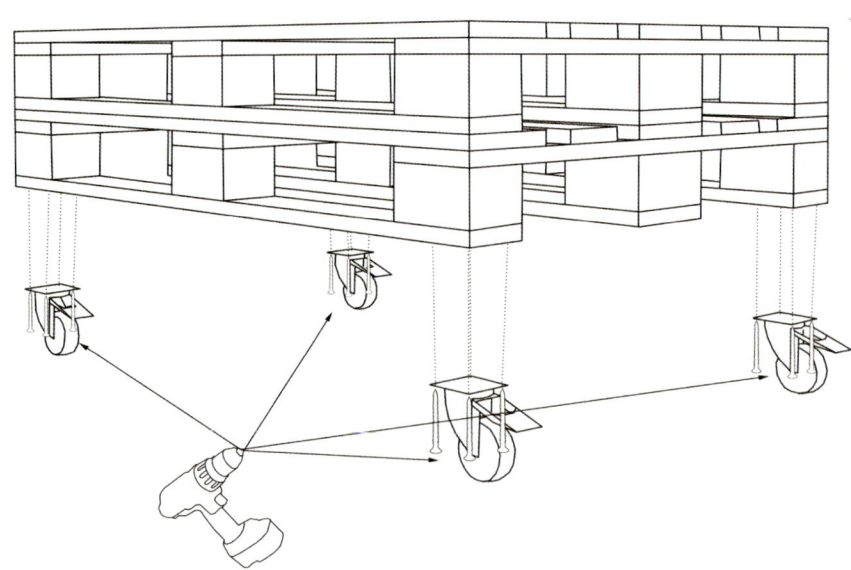

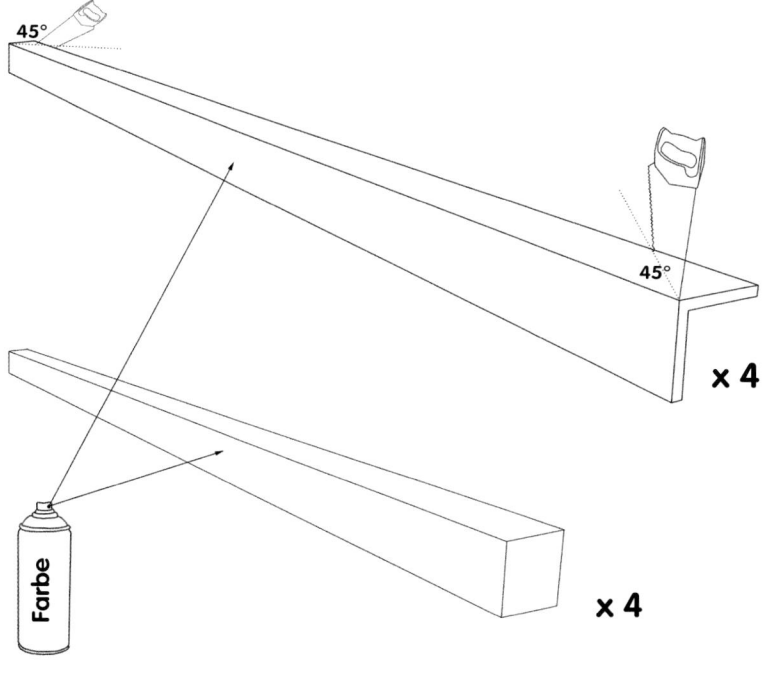

◄ **C.** Die Leisten und die L-Profile müssen vor dem Befestigen gestrichen werden. Jeder der L-Profile muss an den Enden mit einem Winkel von 45° gesägt werden, um schließlich auf dem Tisch befestigt werden zu können. Dieser Vorgang ist leichter mit einer Gehrungslehre durchzuführen.

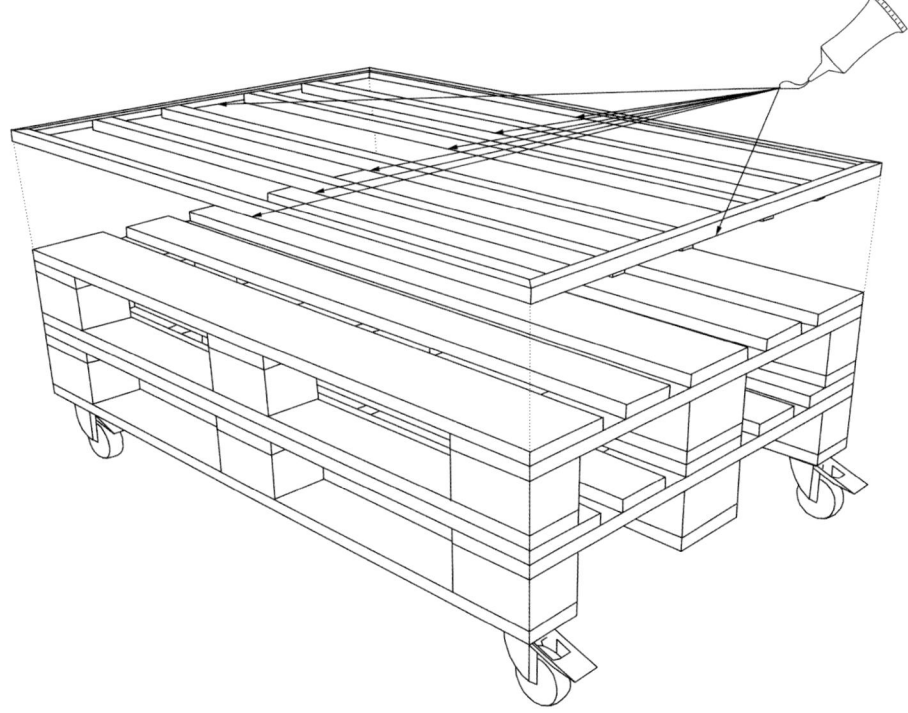

◄ **D.** Sind die Leisten und die L-Profile einmal gestrichen, befestigen Sie diese mit Kleber auf dem Tisch. Die L-Profile dienen dazu, die oberen Kanten der Palette abzudecken, mit den Leisten werden die Lücken zwischen den Palettenbrettern geschlossen.

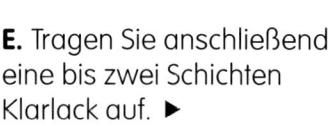

E. Tragen Sie anschließend eine bis zwei Schichten Klarlack auf. ▶

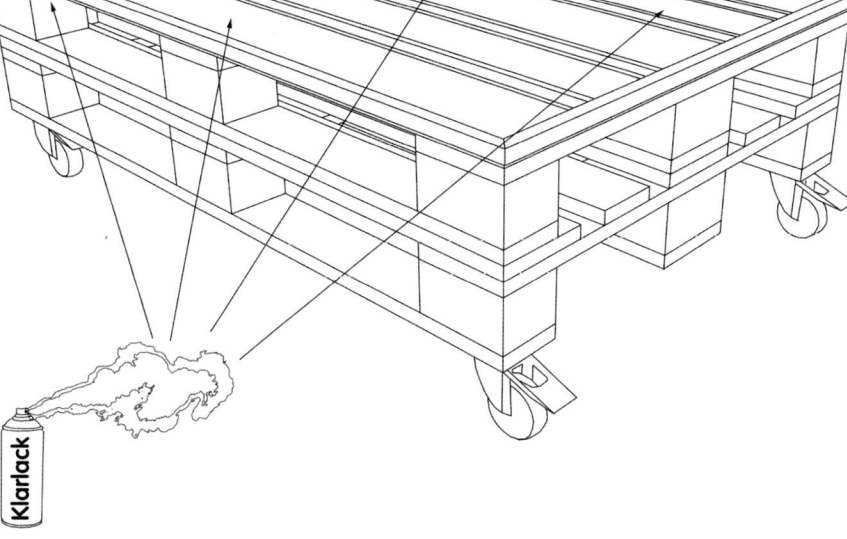

ZWEISITZER

Schwierigkeitsgrad

BAUPLAN

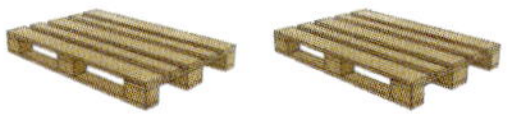

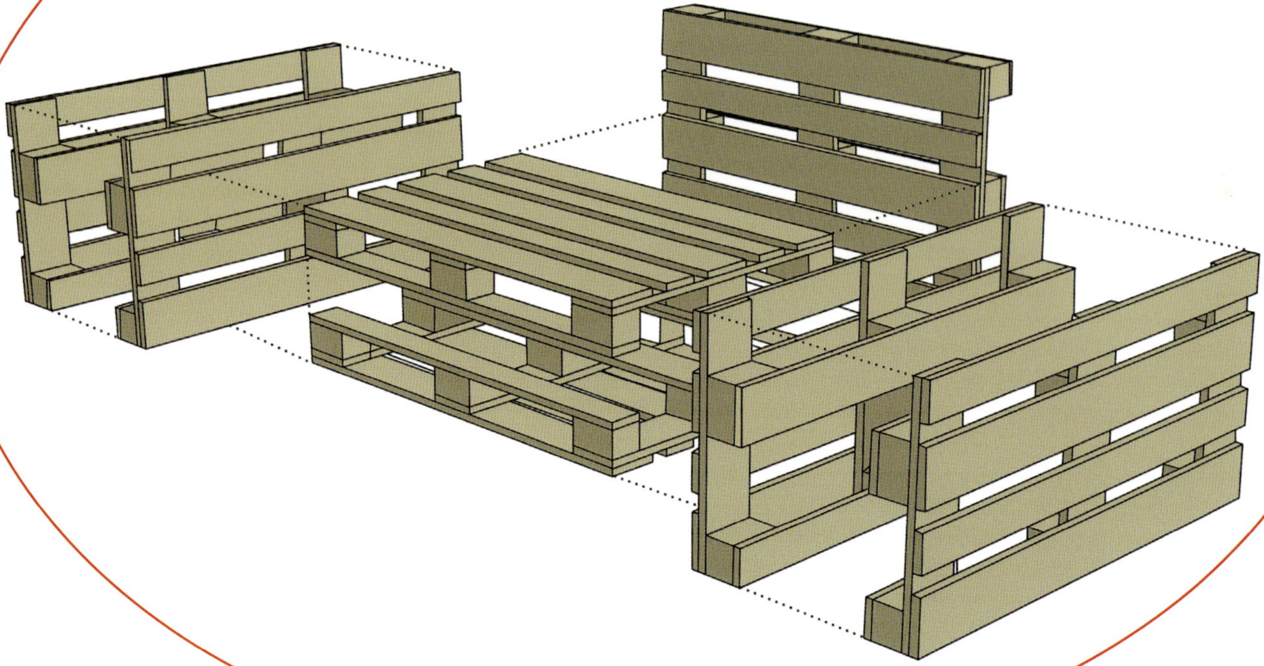

WERKZEUG

Akkuschrauber
Hand- oder Kreissäge

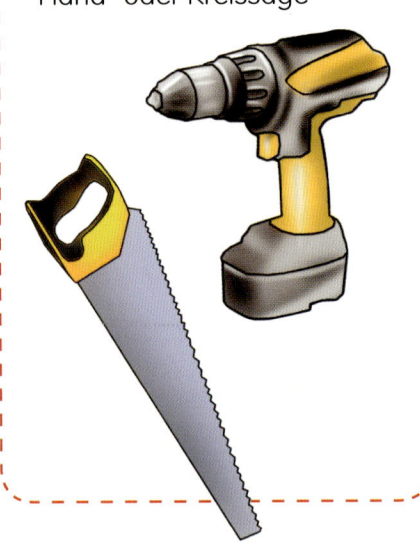

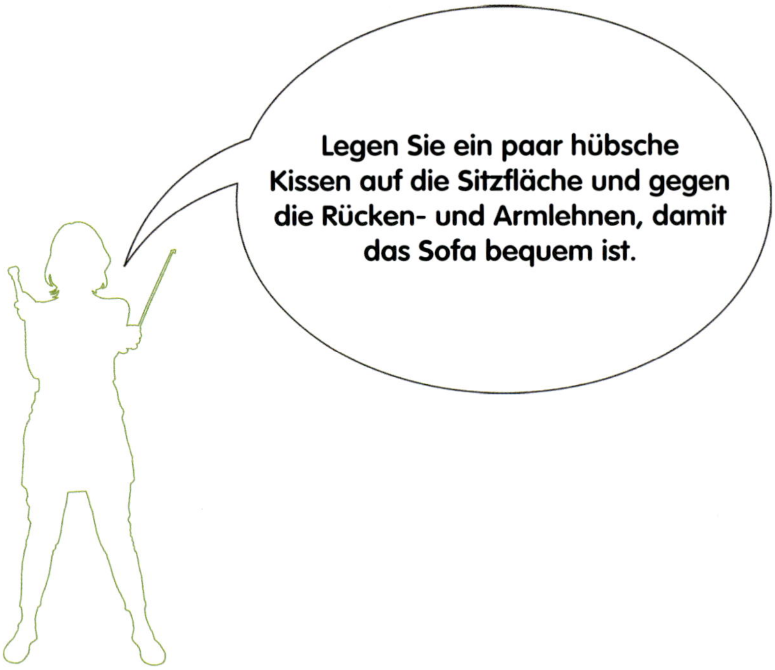

Legen Sie ein paar hübsche Kissen auf die Sitzfläche und gegen die Rücken- und Armlehnen, damit das Sofa bequem ist.

MATERIAL

▶ 7 Paletten
▶ 30 Schrauben, 55 mm

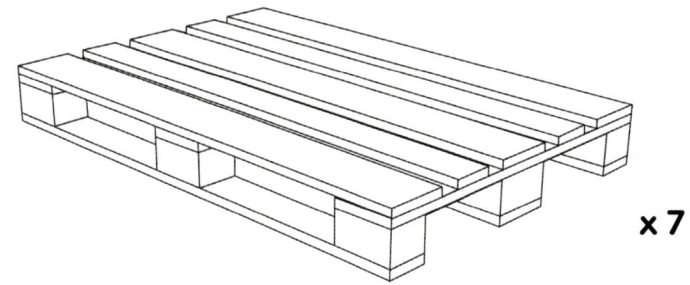

x 30

x 7

AUSARBEITUNG

Für dieses Möbel haben wir die Gestaltungsvariante Natur-Look gewählt. Die Paletten wurden nur abgeschliffen und lackiert. Hierfür benötigen Sie einen Schleifer, Schleifpapier mit 120er Körnung und eine Dose Klarlack (oder eine Lackspraydose).

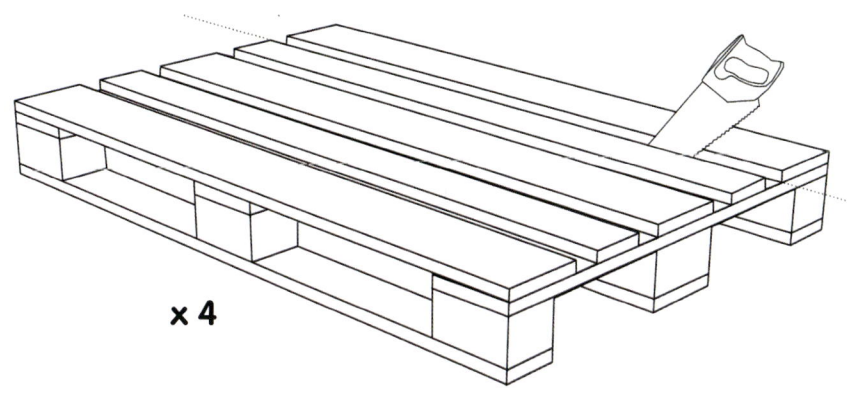

x 4

SCHRITT-FÜR-SCHRITT

◀**A.** Setzen Sie die erste Palette auf den Boden. Sägen Sie sie der Länge nach auf der Höhe der ersten Klotzreihe durch. Wiederholen Sie diesen Vorgang bei drei weiteren Paletten. Verwenden Sie die größeren Teile (mit noch zwei Klotzreihen).

▶**B.** Setzen Sie zwei Paletten aufeinander. Verbinden Sie die Paletten an den Klötzen mithilfe diagonal gesetzter Schrauben miteinander. Die beiden zusammengeschraubten Paletten bilden die Sitzfläche des Sofas.

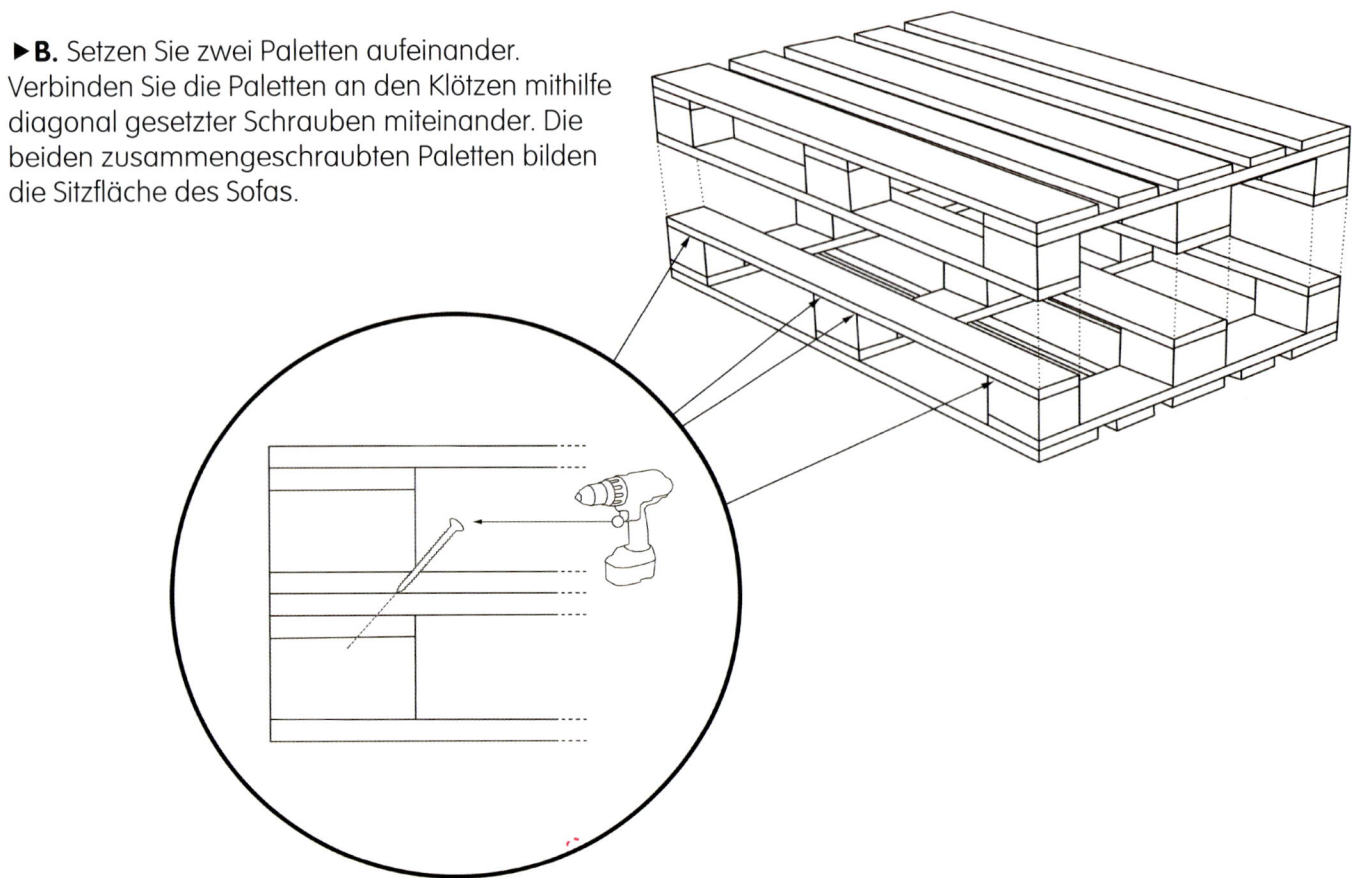

C. Setzen Sie eine dritte Palette hochkant an die Rückseite der Sitzfläche. Befestigen Sie sie von hinten mithilfe einer Schraube diagonal durch die Klötze und einer weiteren durch das Querbrett und die Deckplatte zu den beiden verbundenen Paletten der Sitzfläche hin. ▶

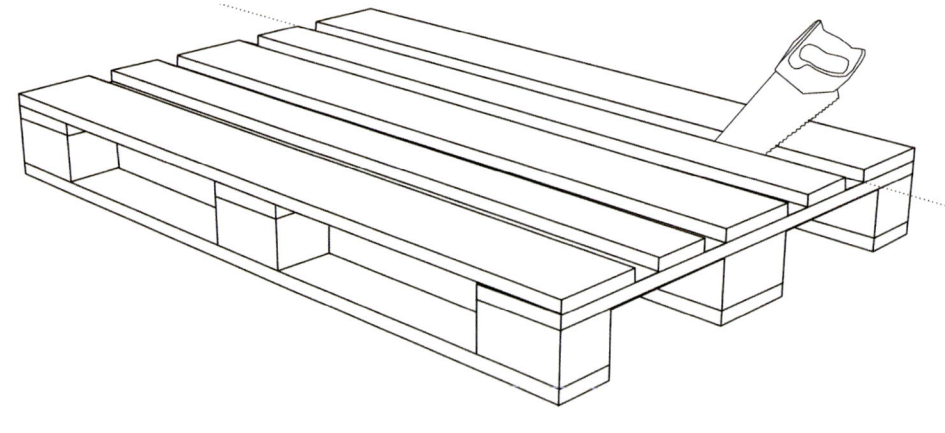

◀ **D.** Verwenden Sie für die Armlehnen des Sofas die vier anfangs zugesägten Paletten. Setzen Sie jeweils zwei zusammen und verbinden Sie diese auf Höhe der Klötze. Bringen Sie die Schrauben diagonal an.

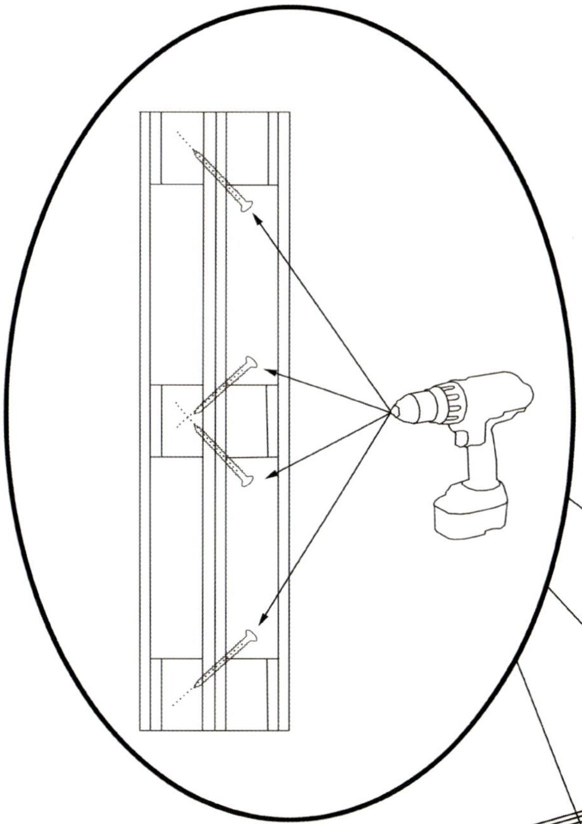

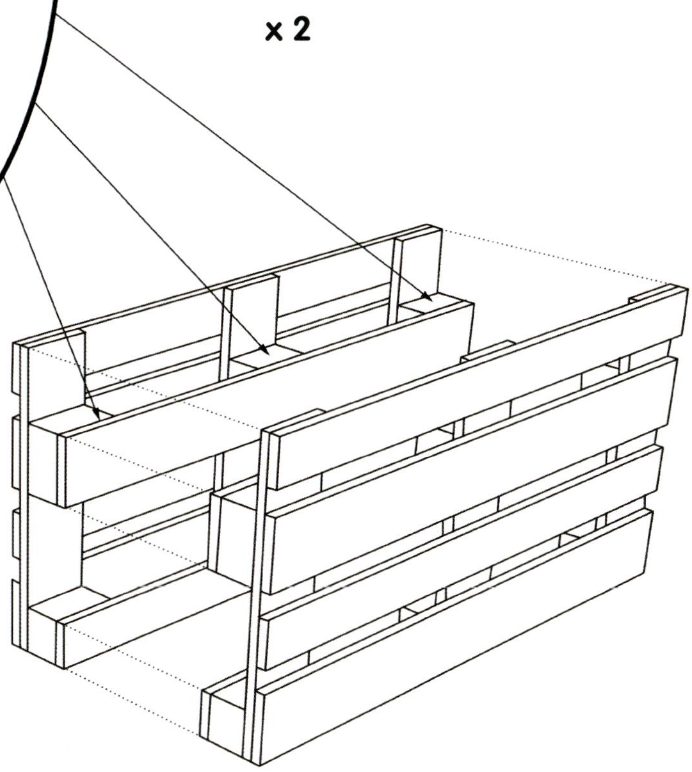

x 2

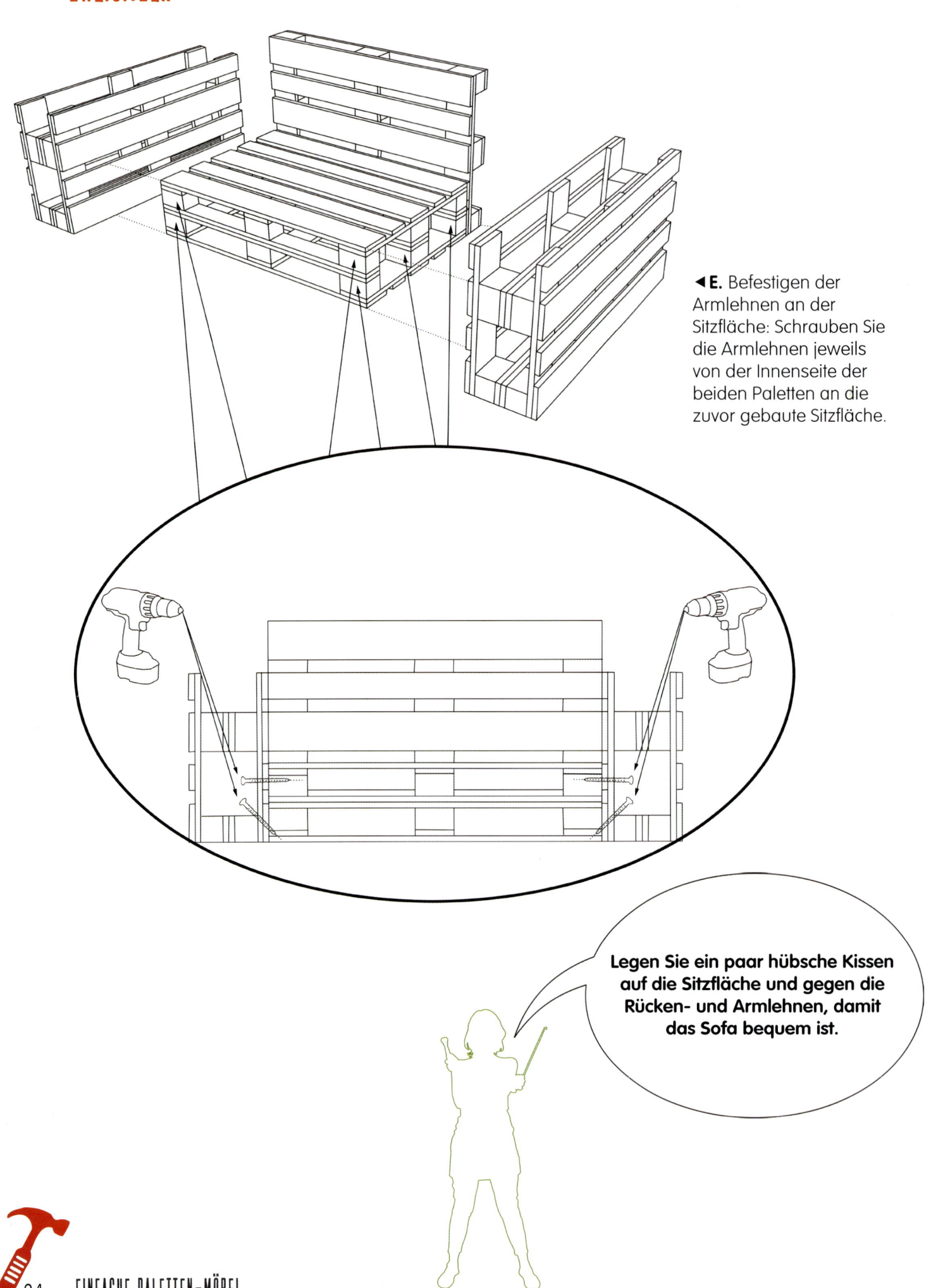

◀ **E.** Befestigen der Armlehnen an der Sitzfläche: Schrauben Sie die Armlehnen jeweils von der Innenseite der beiden Paletten an die zuvor gebaute Sitzfläche.

Legen Sie ein paar hübsche Kissen auf die Sitzfläche und gegen die Rücken- und Armlehnen, damit das Sofa bequem ist.

GROSSER BLUMENKASTEN

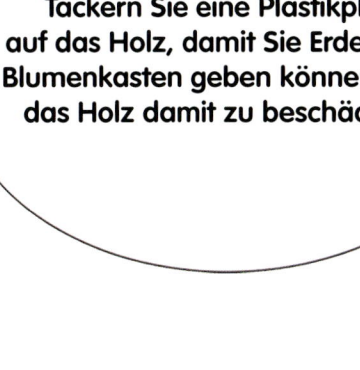

Tackern Sie eine Plastikplane auf das Holz, damit Sie Erde in den Blumenkasten geben können, ohne das Holz damit zu beschädigen.

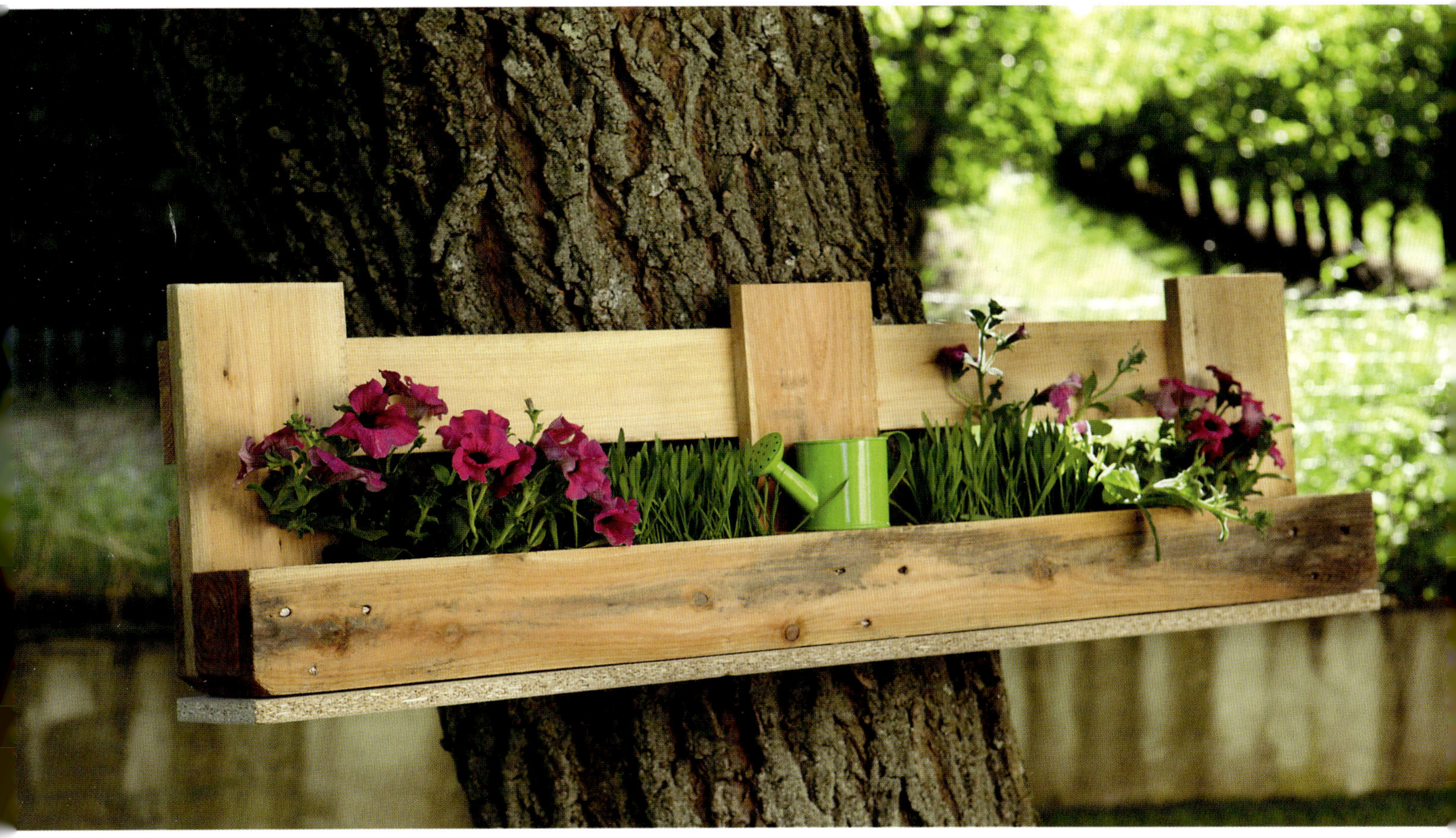

WERKZEUG

Akkuschrauber
Hand- oder
Kreissäge

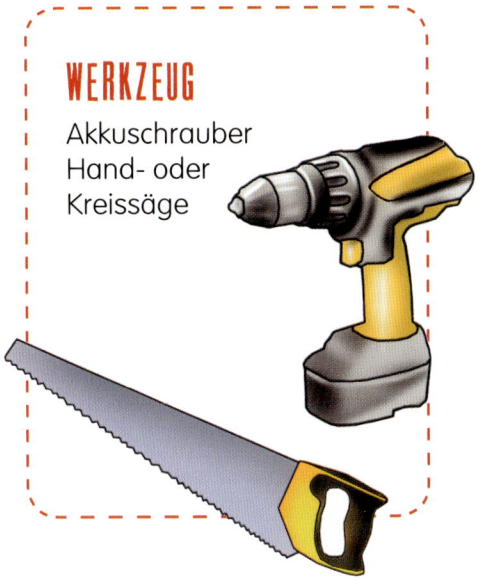

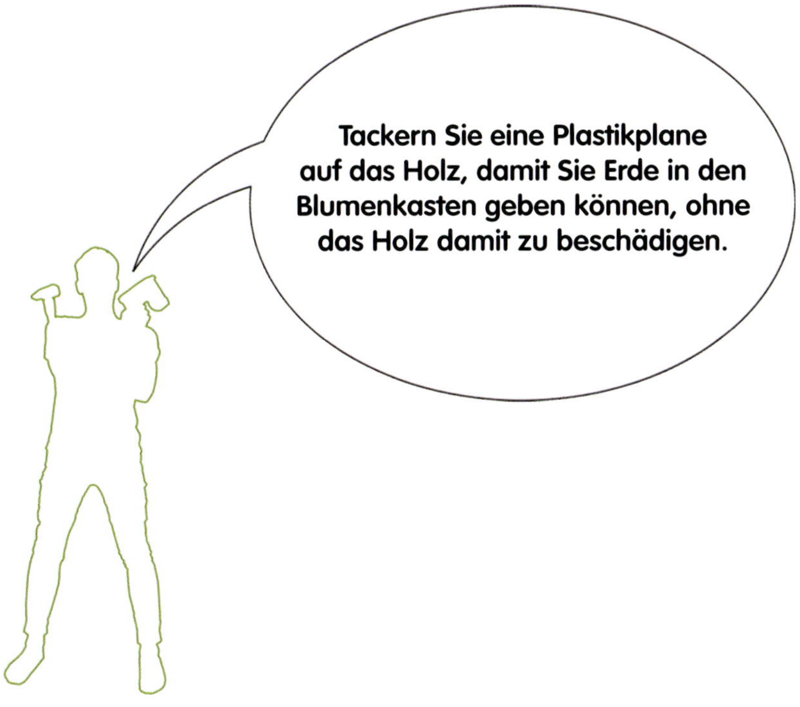

25

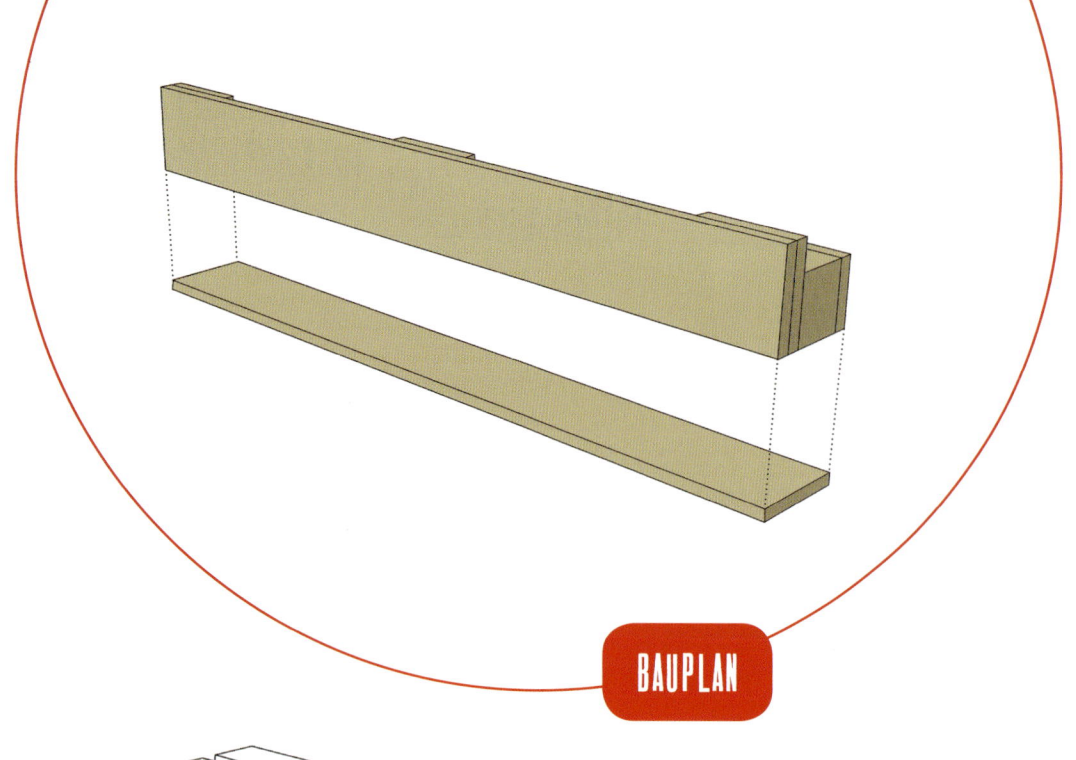

BAUPLAN

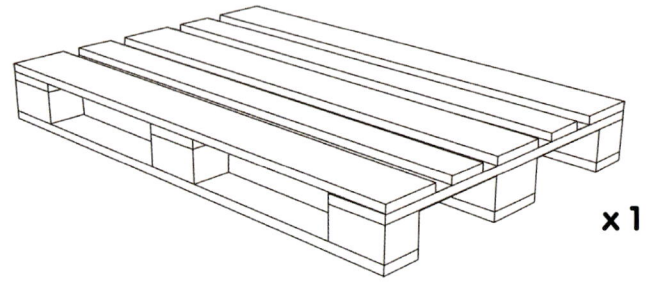

x1

MATERIAL

▶ 1 Palette
▶ **a:** Für den Boden des Blumenkastens,
  1 Holzbrett in gewünschter Ausführung
▶ 3 Schrauben, 55 mm

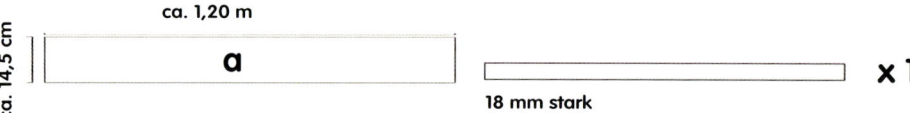

ca. 1,20 m

ca. 14,5 cm

a

18 mm stark

x1

x 3

Denken Sie daran, die Möbel
zum Schutz zu lackieren. Der aufgetragene
Klarlack schützt den Blumenkasten vor
Witterungseinflüssen. Sie benötigen einen
Schleifer, eine feste Plane, einen Tacker
und Klarlack.

AUSARBEITUNG

Für diesen Blumenkasten haben wir die Ausführung in Natur-Look gewählt.
Denken Sie daran, eine feste Plane auf den Boden des Blumenkastens zu
tackern, um das Holz zu schützen. Andernfalls müssten Sie die Pflanzen in
den Töpfen lassen, der Blumenkasten wäre also nur ein Übertopf.

SCHRITT-FÜR-SCHRITT

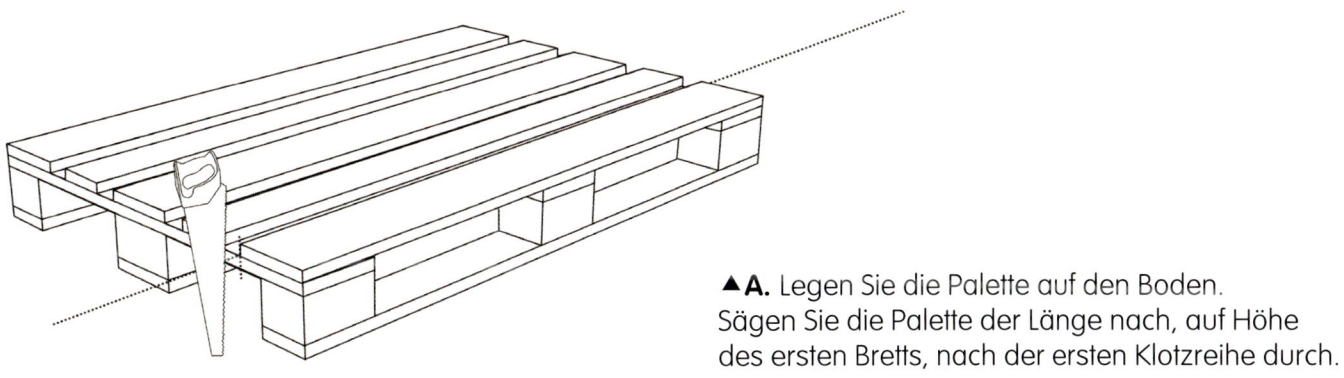

▲A. Legen Sie die Palette auf den Boden. Sägen Sie die Palette der Länge nach, auf Höhe des ersten Bretts, nach der ersten Klotzreihe durch.

B. Nehmen Sie das kleine, abgesägte Teil, stellen es auf und setzen das Brett **a** darunter. ▶

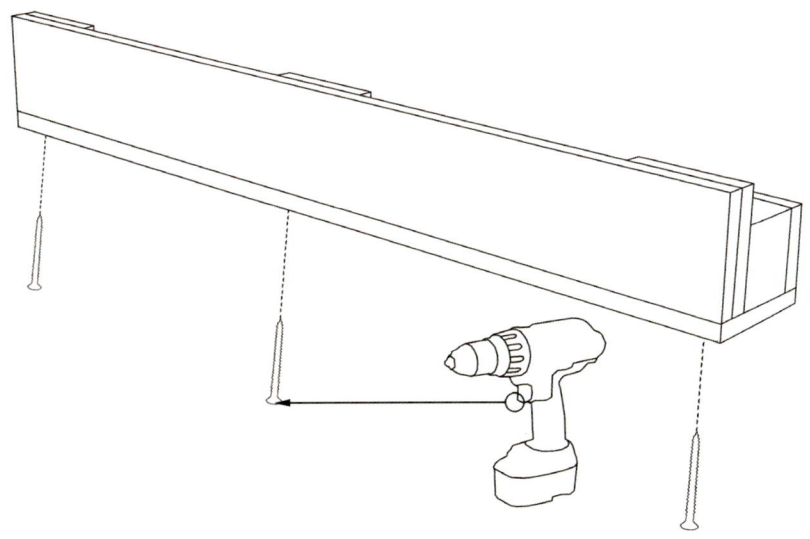

◀C. Schrauben Sie das Brett, das den Boden des Blumenkastens bildet, mit drei Schrauben auf die Klötze der Palette. Setzen Sie Blumentöpfe in den Kasten oder bepflanzen Sie ihn mit Blumen Ihrer Wahl.

SCHREIBTISCH

BAUPLAN

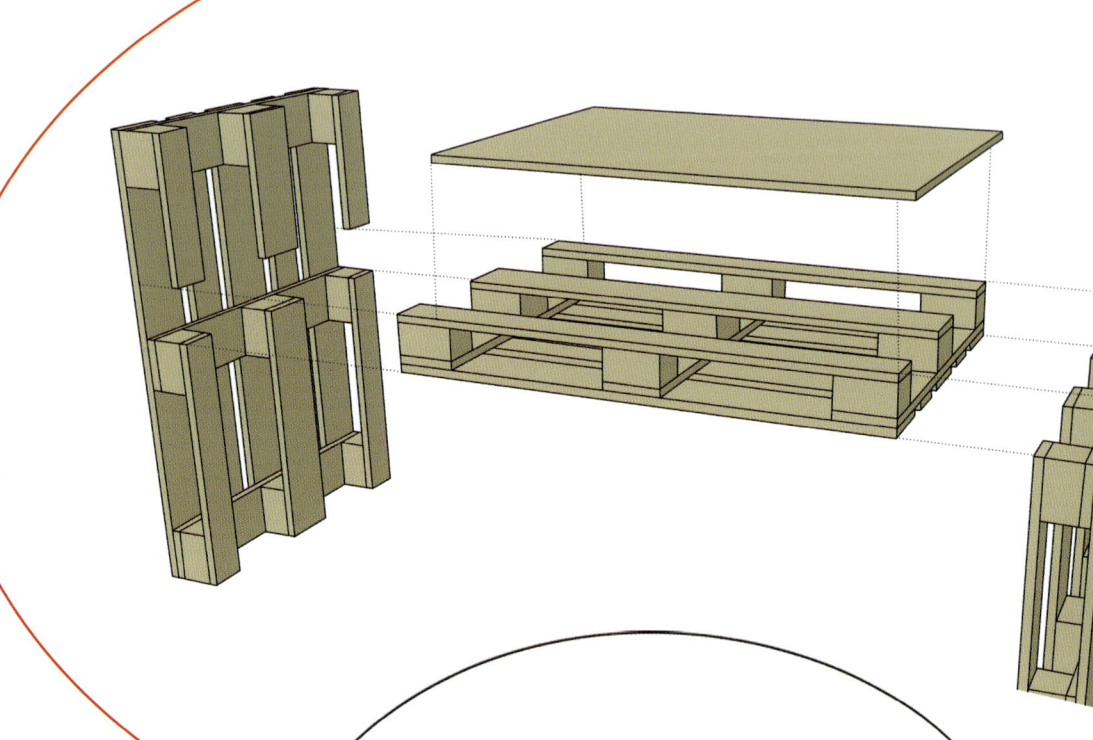

Geben Sie Ihrem Schreibtisch mit der Wahl Ihrer Gestaltungsvariante eine ganz persönliche Note. Bei der farbigen Variante können Sie als Arbeitsplatte eine schön lackierte Platte aufschrauben. Wählen Sie eine Glasplatte für die elegante Variante. Die Maße der Platte sind ca. 120 x 80 cm (Hierbei handelt es sich um ungefähre Maßangaben, je nach verwendeter Palette).

WERKZEUG

Akkuschrauber
Hand- oder Kreissäge

MATERIAL

► 3 Paletten
► 1 Holzplatte (oder anderes Material)
  80 x 120 cm (ungefähre Maße)
► 20 Schrauben, 55 mm

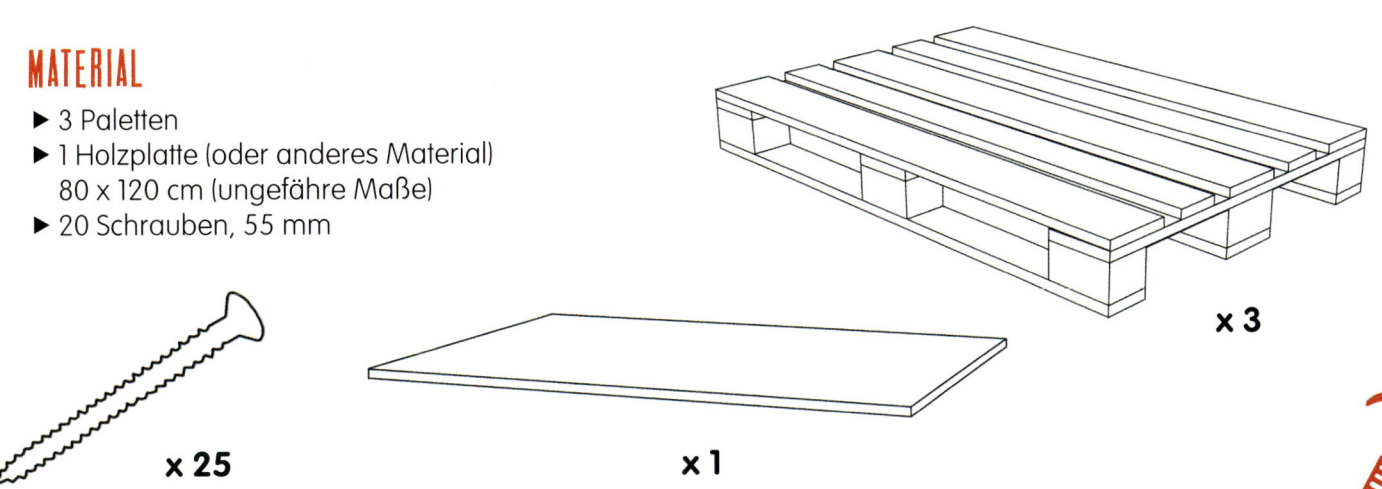

x 25

x 1

x 3

AUSARBEITUNG

Für dieses Möbel haben wir die Gestaltungsvariante Natur-Look gewählt. Die Paletten wurden nur abgeschliffen und lackiert. Hierfür benötigen Sie einen Schleifer, Schleifpapier mit 120er Körnung und eine Dose Klarlack (oder eine Lackspraydose). Wählen Sie anschließend entweder eine Glasplatte oder eine Holzplatte, die Sie nach Belieben streichen können. Denken Sie daran, dass Sie hierfür zusätzlich Farbe benötigen und streichen Sie die Platte vor dem Aufschrauben.

SCHRITT-FÜR-SCHRITT

A. Legen Sie die erste Palette mit der Deckplatte nach unten auf den Boden. Sägen Sie die Bodenbretter an zwei Stellen, einmal auf Höhe der mittleren Klotzreihe und einmal 14 cm vom Klotz entfernt durch, um die Öffnung für die waagrechte Palette zu bilden (die Maßangaben dienen als Anhaltspunkt und müssen an den verwendeten Paletten überprüft werden). ▶

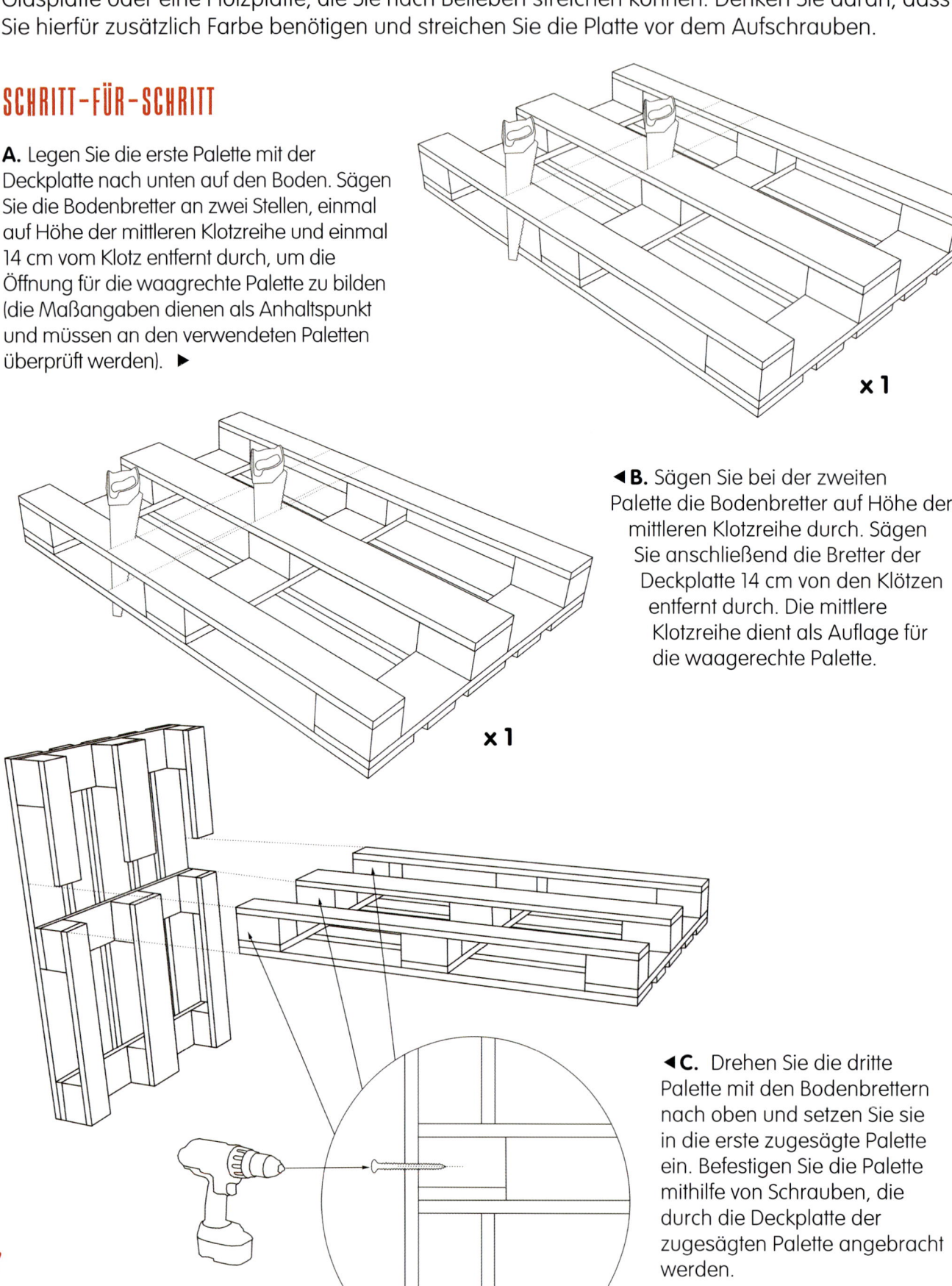

x 1

◀**B.** Sägen Sie bei der zweiten Palette die Bodenbretter auf Höhe der mittleren Klotzreihe durch. Sägen Sie anschließend die Bretter der Deckplatte 14 cm von den Klötzen entfernt durch. Die mittlere Klotzreihe dient als Auflage für die waagerechte Palette.

x 1

◀**C.** Drehen Sie die dritte Palette mit den Bodenbrettern nach oben und setzen Sie sie in die erste zugesägte Palette ein. Befestigen Sie die Palette mithilfe von Schrauben, die durch die Deckplatte der zugesägten Palette angebracht werden.

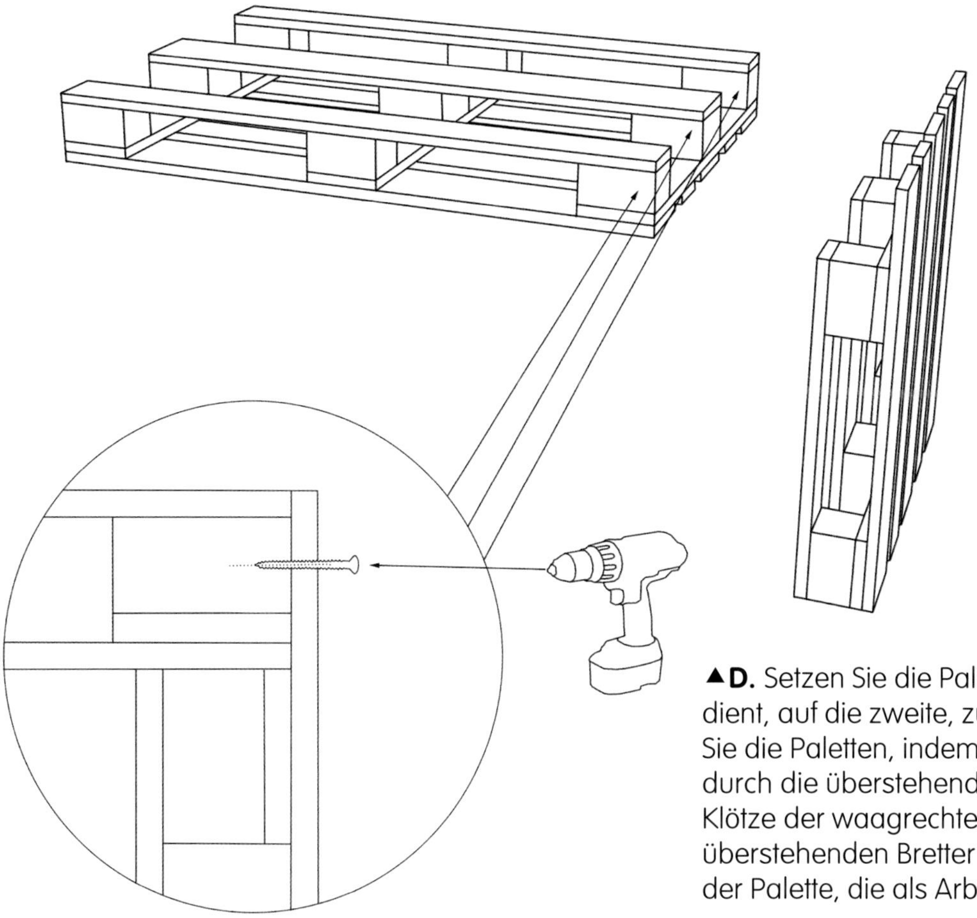

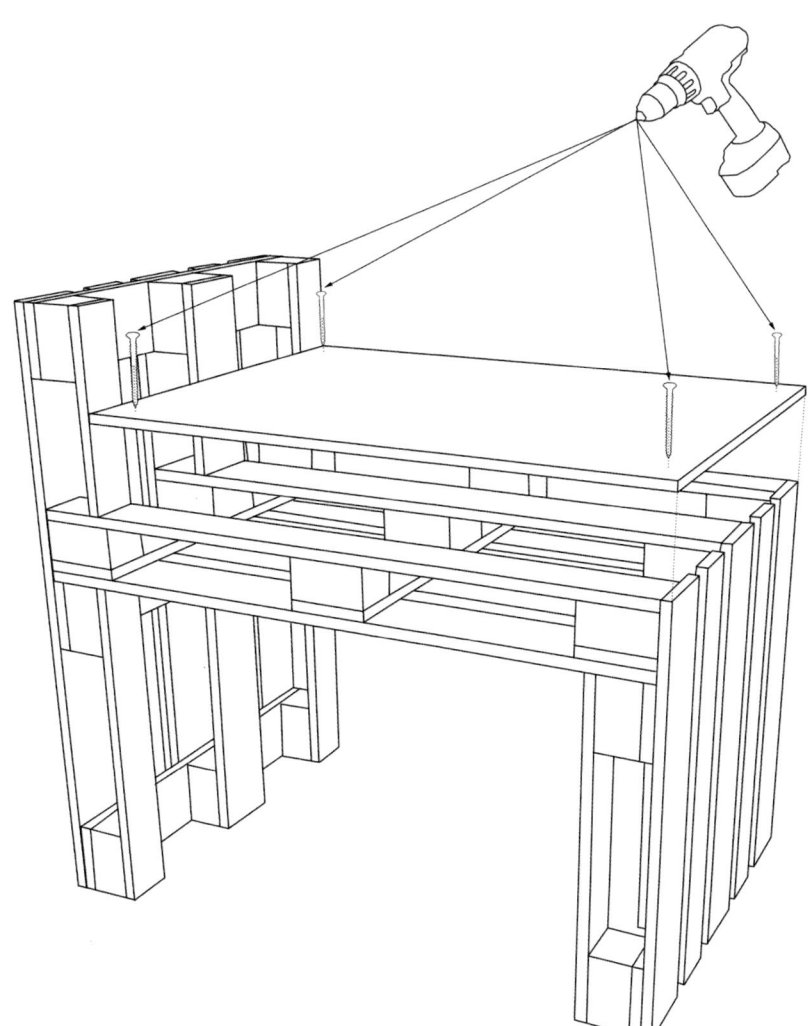

▲ D. Setzen Sie die Palette, die als Arbeitsplatte dient, auf die zweite, zugesägte Palette. Verbinden Sie die Paletten, indem Sie die Schrauben durch die überstehenden Deckbretter in die Klötze der waagrechten Palette schrauben. Die überstehenden Bretter verdecken die Stirnseite der Palette, die als Arbeitsplatte dient.

E. Auf den zusammengebauten Schreibtisch, können Sie eine Arbeitsplatte Ihrer Wahl legen (Glas- oder Holzplatte). Die obere Partie des höheren Fußes, der aus der Platte herausragt, ermöglicht Ihnen, Stifte und anderes Büromaterial zu verstauen. ▶

BETT MIT KOPFTEIL

BETT MIT KOPFTEIL

Schwierigkeitsgrad

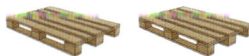

BAUPLAN

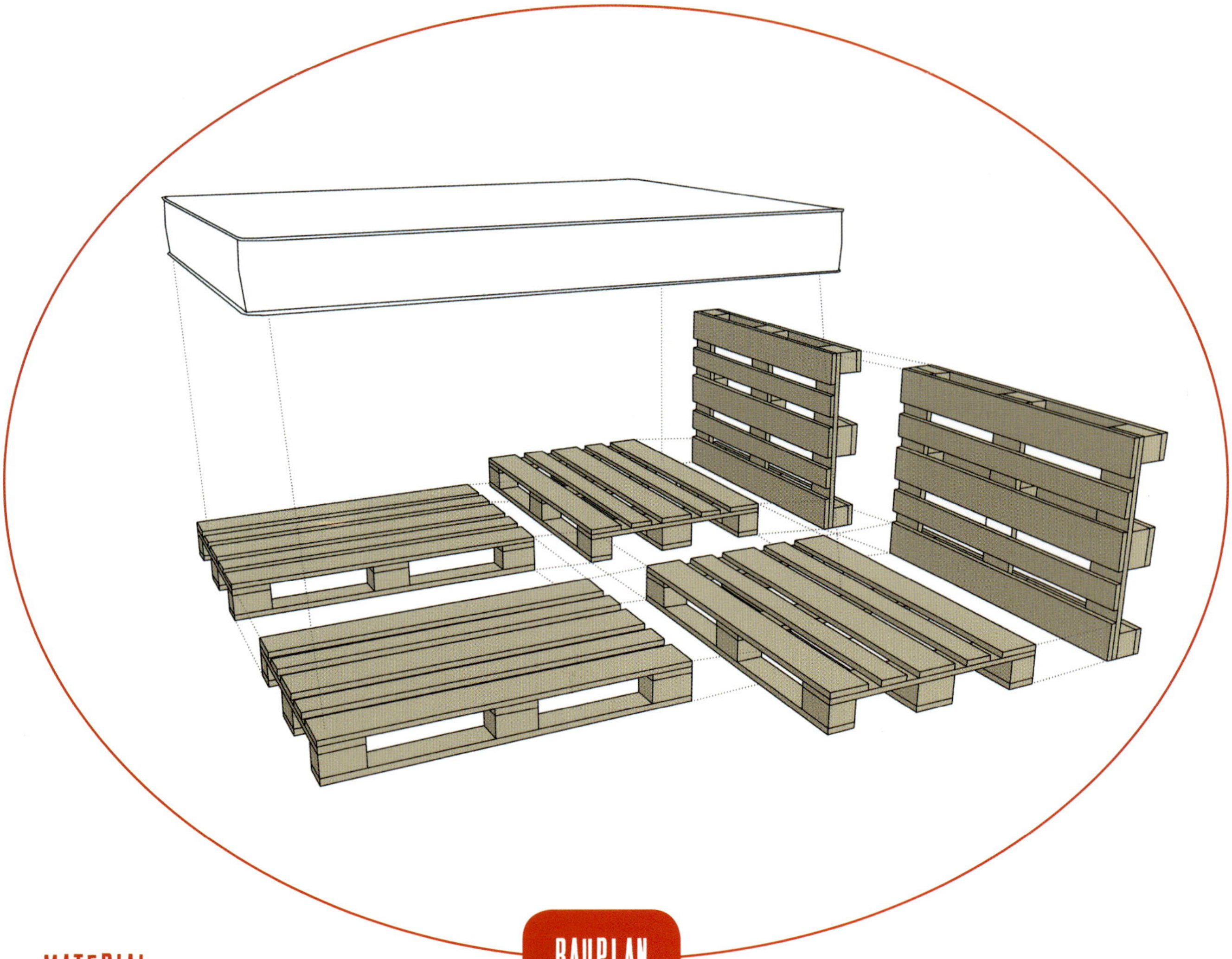

MATERIAL

- 6 Paletten
- 12 Schrauben, 55 mm

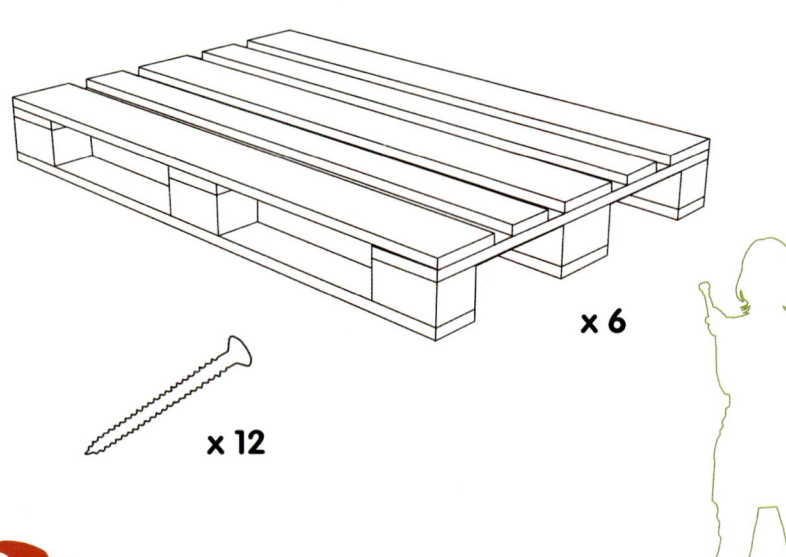

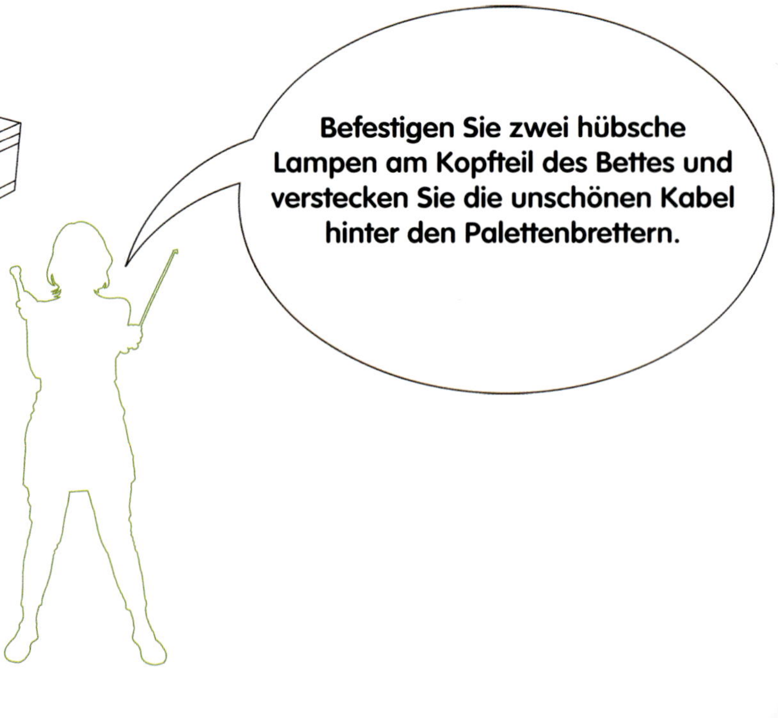

x 6
x 12

Befestigen Sie zwei hübsche Lampen am Kopfteil des Bettes und verstecken Sie die unschönen Kabel hinter den Palettenbrettern.

WERKZEUG

Akkuschrauber

AUSARBEITUNG

Für dieses Möbel haben wir die Gestaltungsvariante Natur-Look gewählt. Die Paletten wurden nur abgeschliffen und lackiert. Verwenden Sie hierfür einen Schleifer, Schleifpapier mit 120er Körnung und eine Dose Klarlack (oder eine Lackspraydose).

Möchten Sie dem Bett einen originellen und modernen Touch geben, betonen Sie das Kopfteil des Bettes mit einem bunten Anstrich. Sie können ebenso schwarze Farbe verwenden, so können Sie mit Kreide darauf schreiben. Denken Sie daran, dass Sie in diesem Fall mehr Farbe benötigen.

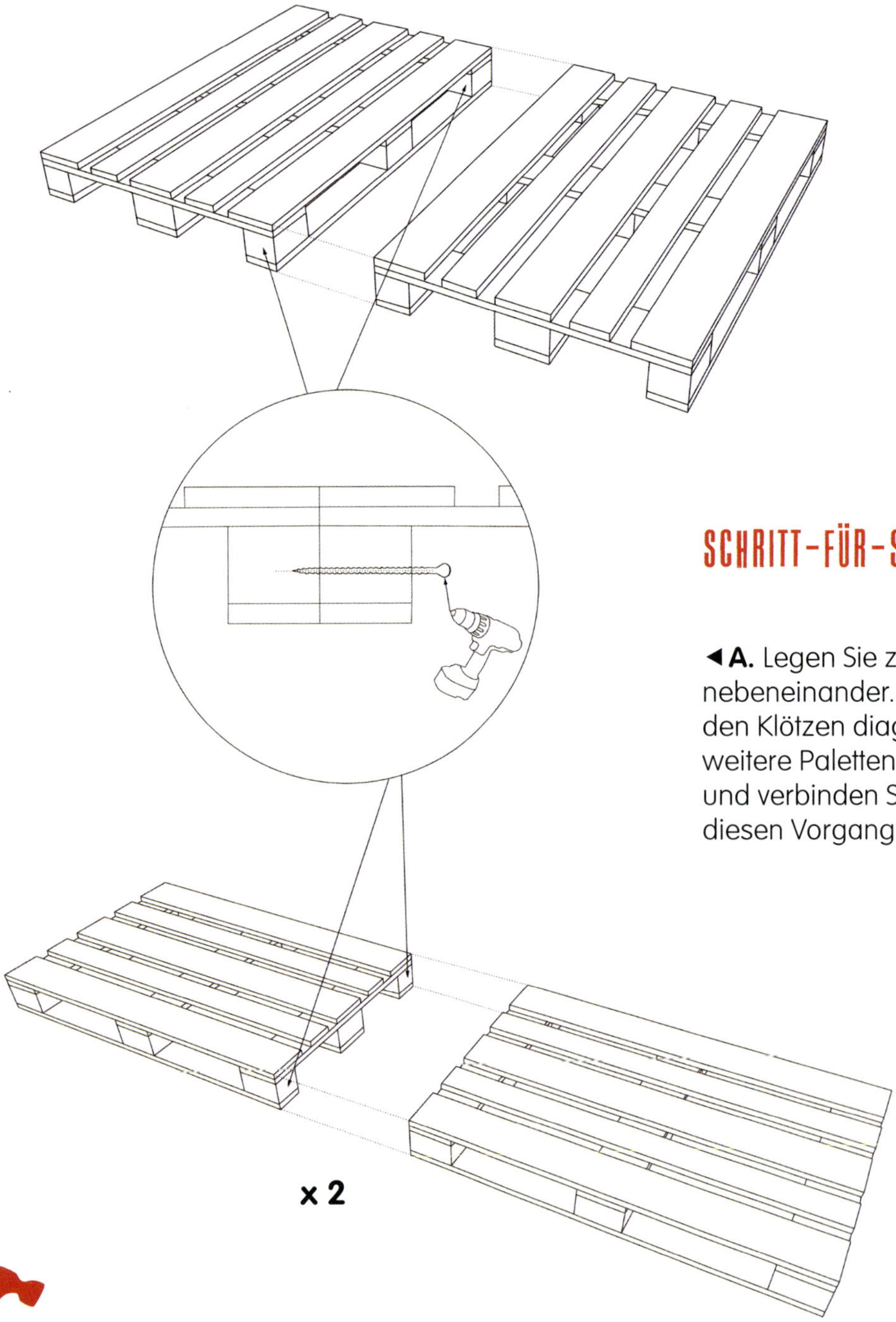

SCHRITT-FÜR-SCHRITT

◄ **A.** Legen Sie zwei Paletten an den Längsseiten nebeneinander. Schrauben Sie die Paletten an den Klötzen diagonal zusammen. Setzen Sie zwei weitere Paletten an den kurzen Seiten aneinander und verbinden Sie diese ebenso. Wiederholen Sie diesen Vorgang an den beiden letzten Paletten.

× 2

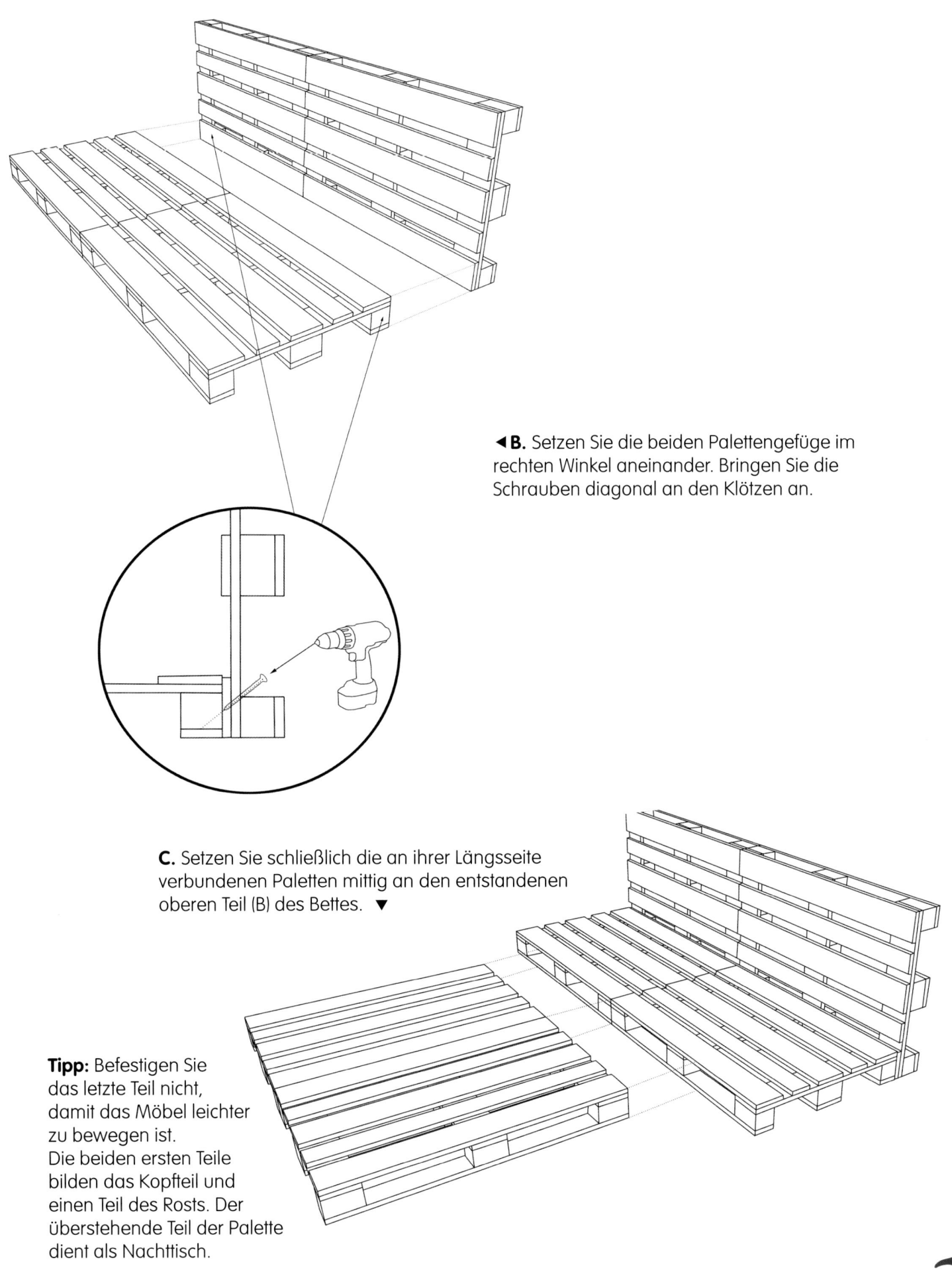

◄B. Setzen Sie die beiden Palettengefüge im rechten Winkel aneinander. Bringen Sie die Schrauben diagonal an den Klötzen an.

C. Setzen Sie schließlich die an ihrer Längsseite verbundenen Paletten mittig an den entstandenen oberen Teil (B) des Bettes. ▼

Tipp: Befestigen Sie das letzte Teil nicht, damit das Möbel leichter zu bewegen ist. Die beiden ersten Teile bilden das Kopfteil und einen Teil des Rosts. Der überstehende Teil der Palette dient als Nachttisch.

GROSSE BAR

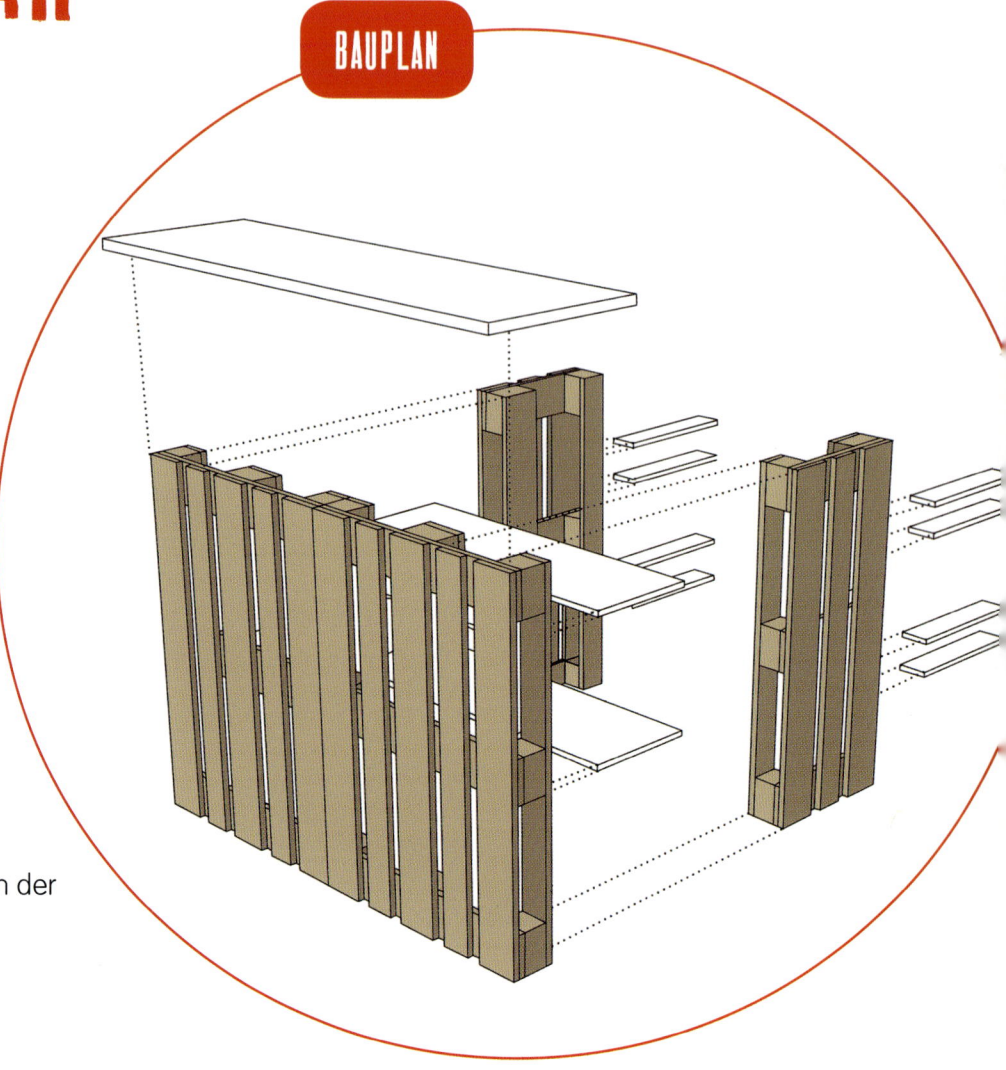

BAUPLAN

MATERIAL

- ▶ 4 Paletten
- ▶ Holzbretter in gewünschter Ausfertigung (Naturholz, wenn Sie sie streichen wollen oder eine andere im Baumarkt erhältliche Ausfertigung). Die Maße sind Anhaltspunkte und sollten direkt an den verwendeten Paletten überprüft werden.
- ▶ **a:** Brett für die Arbeitsplatte der Bar
- ▶ **b:** Brett für das Regal
- ▶ **c:** Brett für die Flaschenfächer in der Stärke der Paletten
- ▶ 85 Schrauben, 55 mm
- ▶ 6 Befestigungswinkel

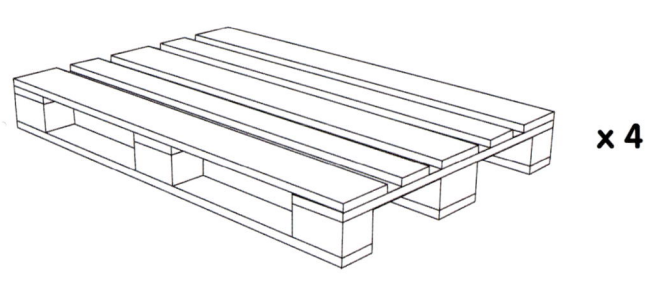

× 4

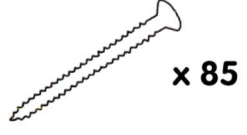

× 85

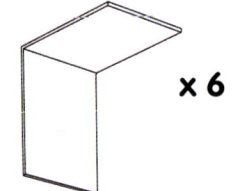

× 6

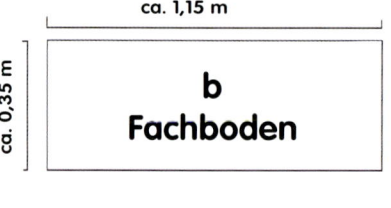

ca. 1,70 m

ca. 0,55 m

a
Arbeitsplatte

18 mm stark

× 1

ca. 1,15 m

ca. 0,35 m

b
Fachboden

18 mm stark

× 2

ca. 0,50 m

ca. 0,10 m

c

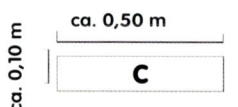

18 mm stark

× 16

FARBENFROHE
GESTALTUNGSVARIANTE

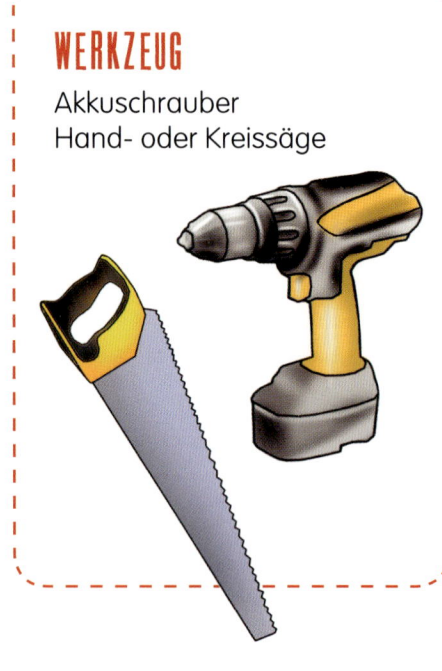

Wir haben die Bar mit Regalböden gebaut. Bringen Sie, ganz nach Belieben, mehr Bretter an oder verwenden Sie kürzere Bretter, um kürzere Regale zu erhalten, die mit Befestigungswinkeln an die Bar montiert werden.

AUSARBEITUNG

Für dieses Möbel haben wir die farbige Gestaltungsvariante gewählt. Tragen Sie zunächst vor dem Schleifen eine erste Schicht weiße Farbe und nach dem Schleifen die eigentliche Farbe auf.

Tipp: Wenn Sie über die Farbe einen Schutzlack auftragen, erhöhen Sie die Haltbarkeit der Farbe. Verwenden Sie hierfür einen Schleifer, Schleifpapier mit 120er Körnung, weiße Farbe, Farbe Ihrer Wahl und eine Dose Klarlack (oder eine Lackspraydose). Die Regale und die Bretter für die Arbeitsplatte müssen vor dem Anschrauben gestrichen werden.
Wenn Sie wie hier, für die Arbeitsplatte eine dunkle Farbe wählen, verwenden Sie zur Befestigung schwarze Schrauben, die nicht auffallen. Wenn das nicht geklappt hat, verkitten Sie die Schraubenköpfe und tragen Sie eine weitere Schicht Farbe auf die Arbeitsplatte auf.

SCHRITT-FÜR-SCHRITT

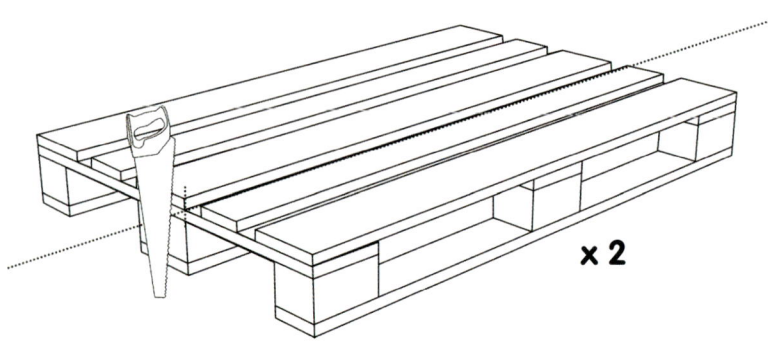

◄ **A.** Legen Sie die erste Palette auf den Boden und sägen Sie sie der Länge nach auf Höhe der zweiten Klotzreihe durch. Wiederholen Sie diesen Vorgang an der zweiten Palette.

x 2

B. Verwenden Sie die Teile mit den beiden Klotzreihen. Stellen Sie die beiden ausgesägten Palettenteile auf. ►

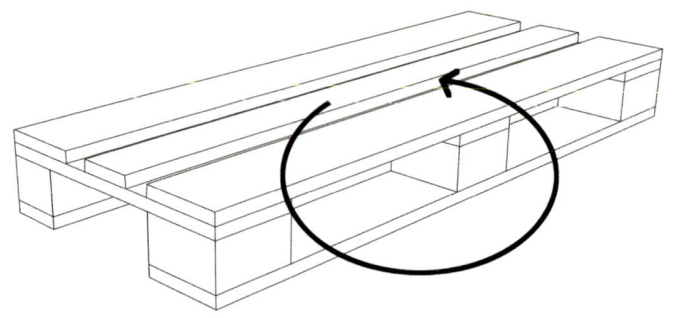

x 2

C. Stellen Sie die beiden verbleibenden Paletten auf ihre kurze Seite und verbinden Sie diese miteinander. Befestigen Sie die Paletten mit diagonal eingesetzten Schrauben, die jeweils durch beide Klötze gehen. Um die Verbindung zu stabilisieren, können Sie aus Palettenresten kleine Brettstücke sägen, die Sie auf die miteinander verbundenen Klötze schrauben. Sie dienen als Befestigungsscheiben. ▶

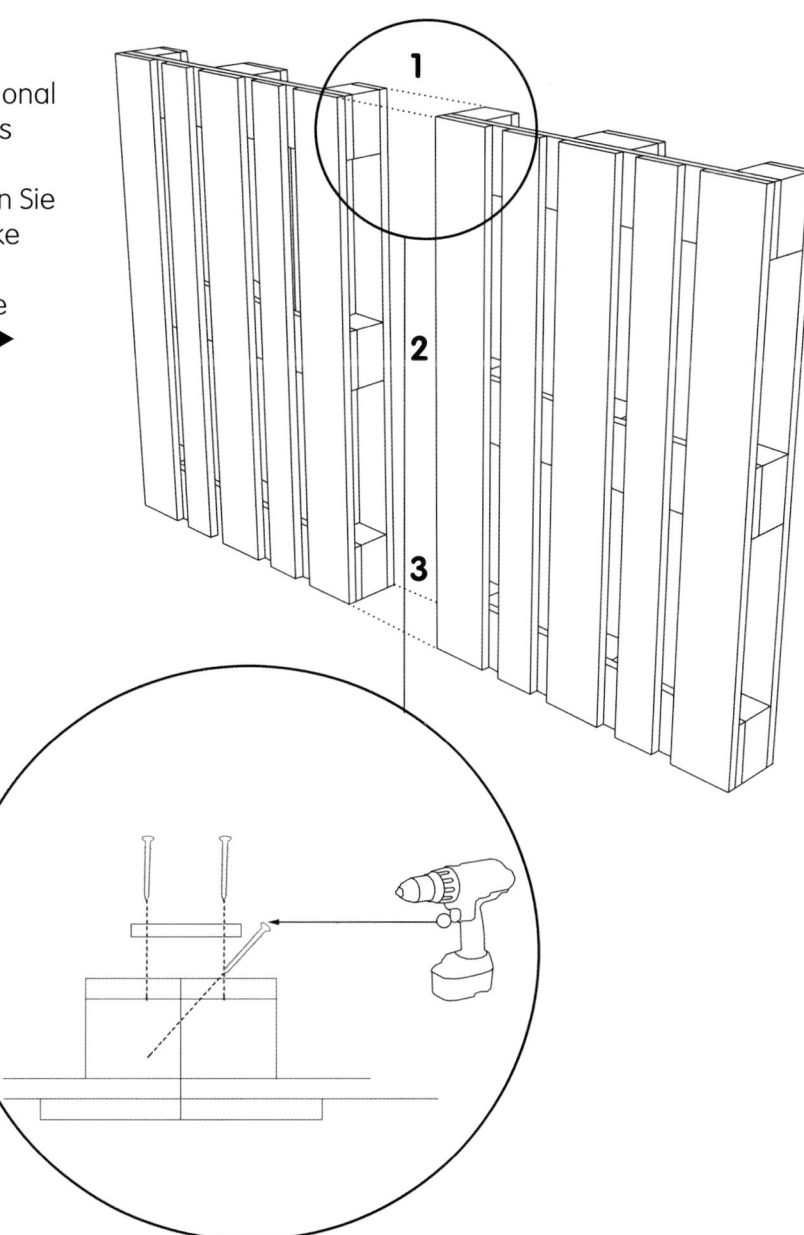

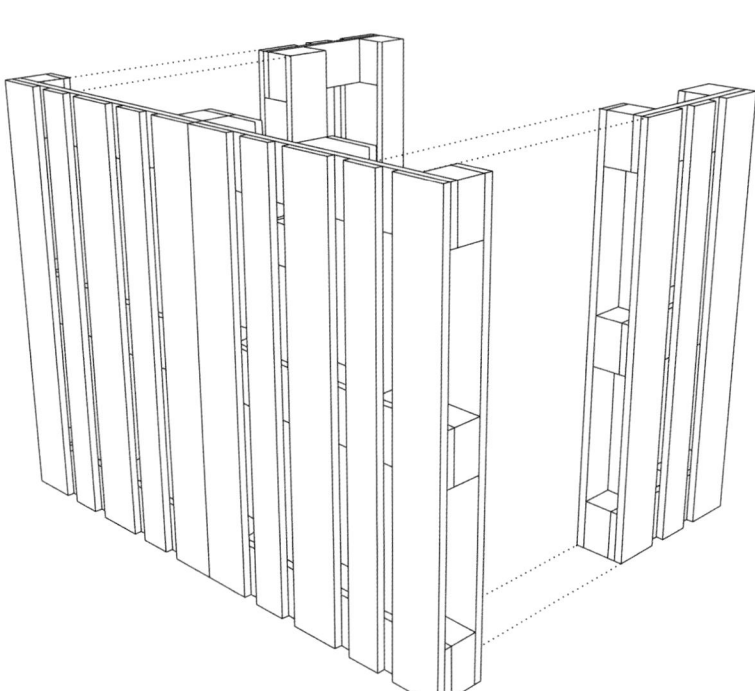

◀D. Setzen Sie die beiden vorab zugesägten Palettenteile senkrecht an die Ränder der beiden zusammengesetzten Paletten (wie auf der Skizze angegeben). Die seitlichen Paletten fügen sich in die zusammengesetzten Paletten direkt nach der ersten Klotzreihe ein.

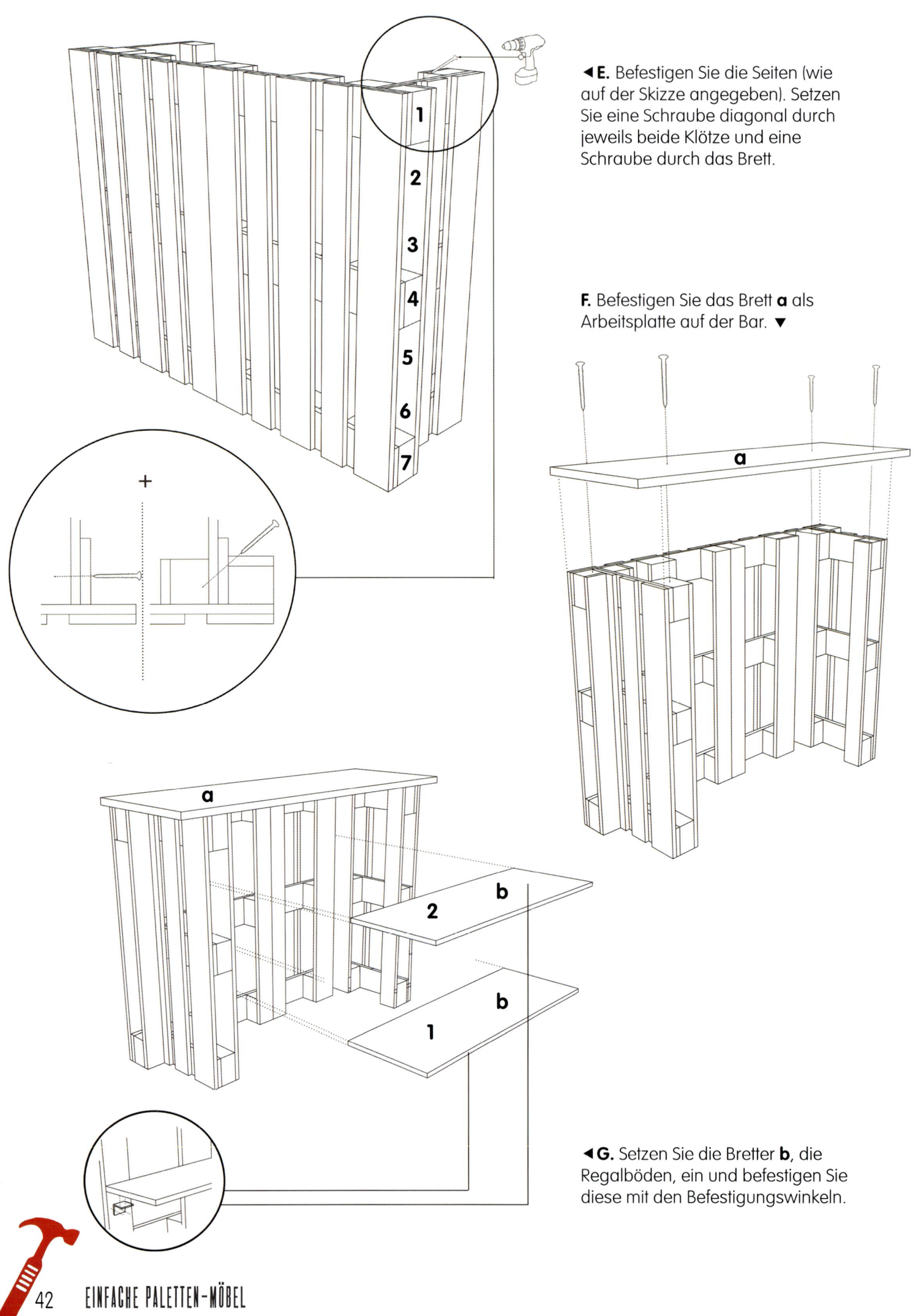

◄ **E.** Befestigen Sie die Seiten (wie auf der Skizze angegeben). Setzen Sie eine Schraube diagonal durch jeweils beide Klötze und eine Schraube durch das Brett.

F. Befestigen Sie das Brett **a** als Arbeitsplatte auf der Bar. ▼

◄ **G.** Setzen Sie die Bretter **b**, die Regalböden, ein und befestigen Sie diese mit den Befestigungswinkeln.

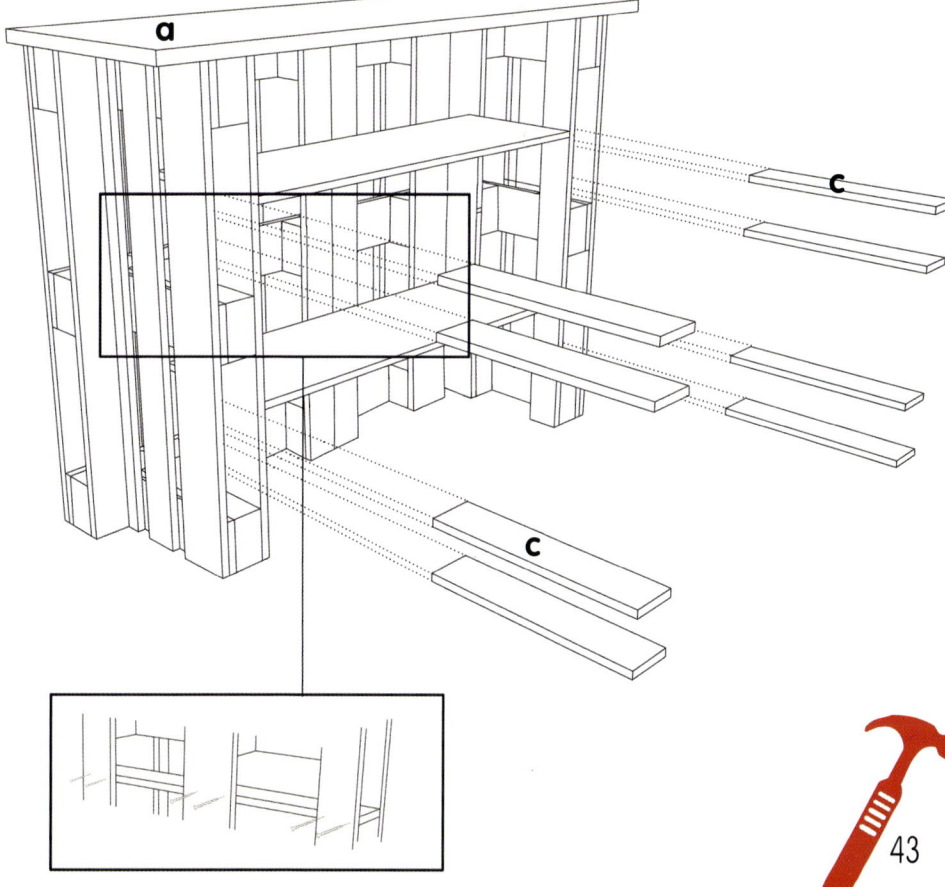

H. Befestigen Sie die Bretter **c**, um die Flaschenfächer in der Palette zu bilden. Die große Bar ist bereit für Ihre Gartenparty. ▶

ROTER COUCHTISCH

ROTER COUCHTISCH

BAUPLAN

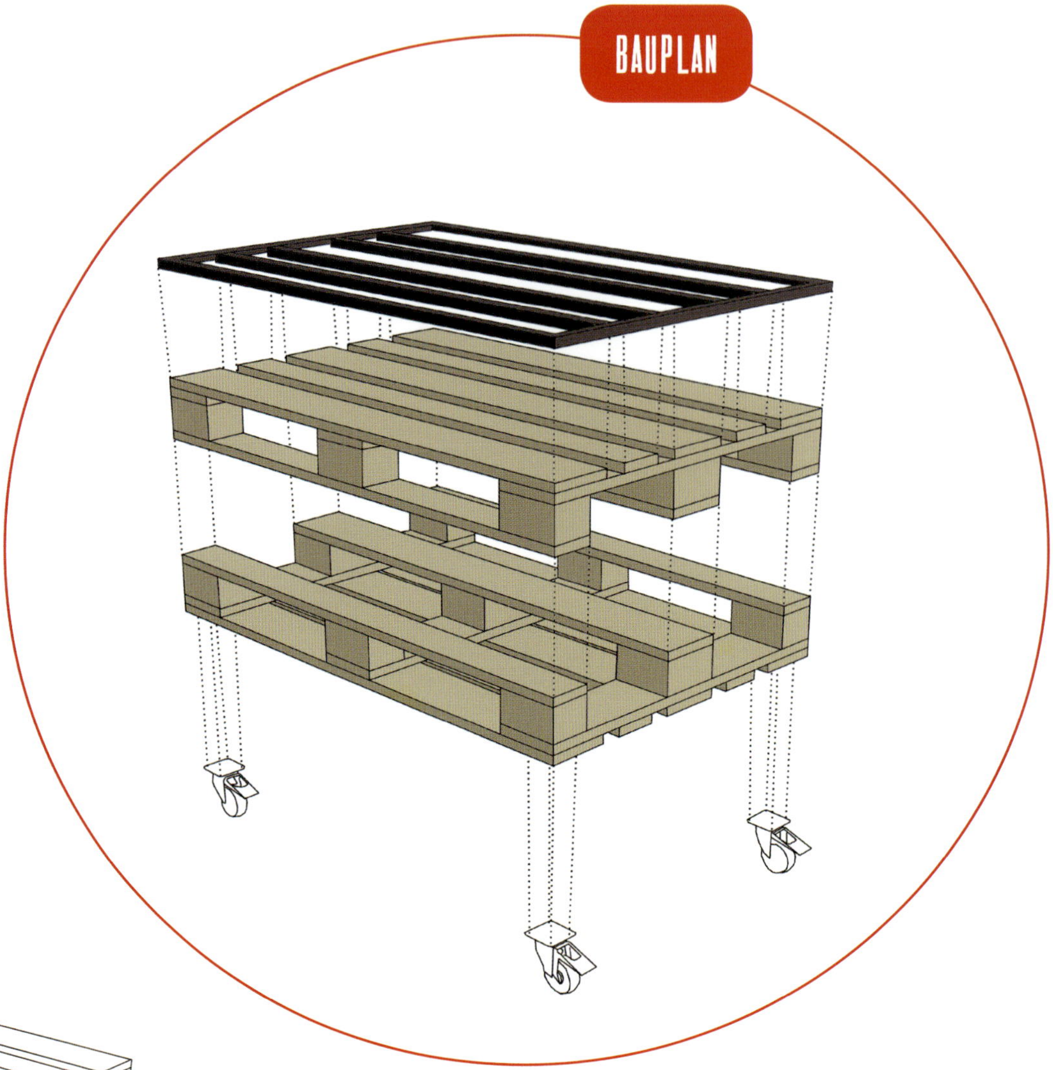

MATERIAL

- ▶ 2 Paletten
- ▶ 4 L-Profile für die Tischkanten: 2 L-Profile mit 80 cm Länge und zwei L-Profile mit 120 cm Länge
- ▶ 4 Leisten, 2 x 3 x 120 cm zum Einsetzen zwischen die Bretter der oberen Palette
- ▶ 4 Rollen
- ▶ 1 Farbspraydose
- ▶ 1 Lackspraydose
- ▶ 1 Tube Kleber
- ▶ 25 Schrauben, 55 mm

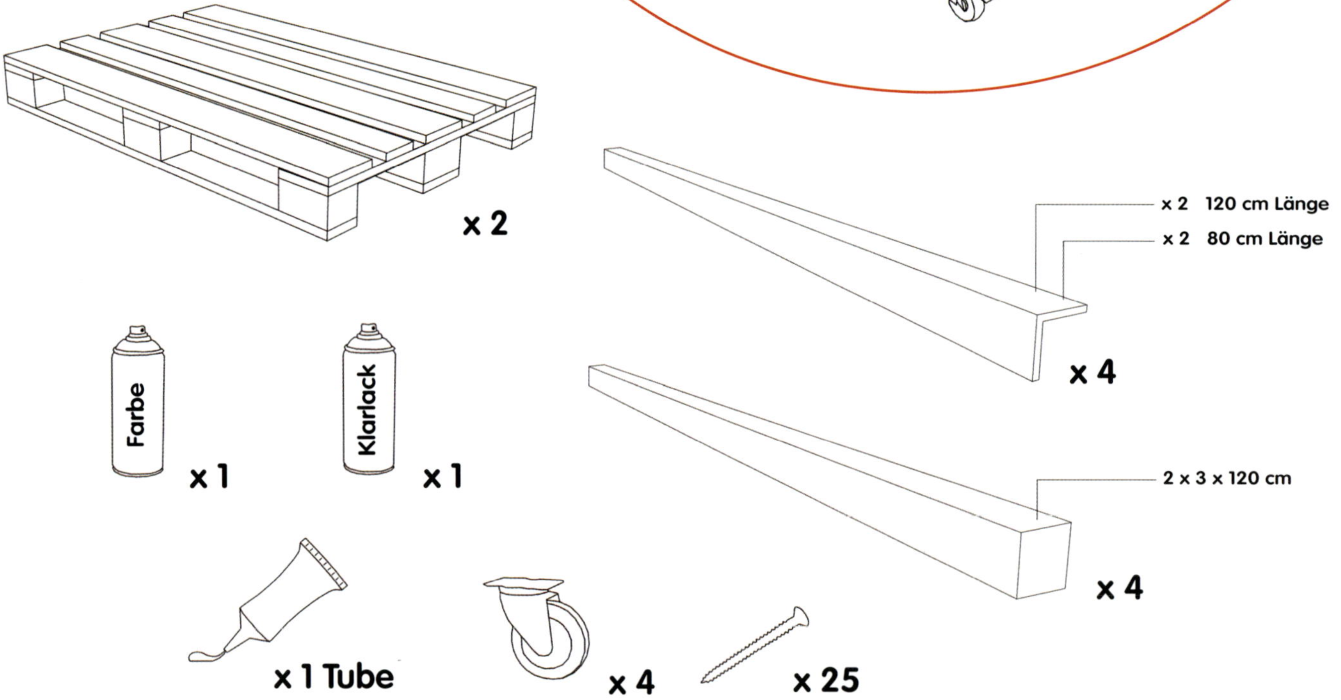

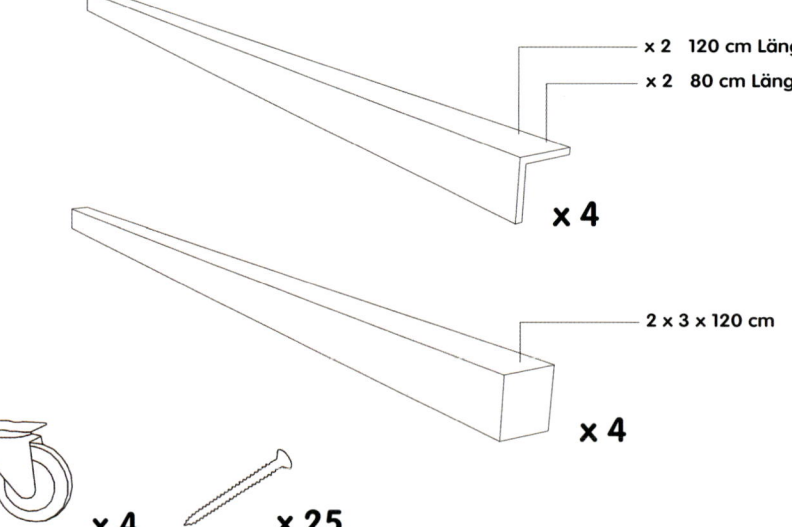

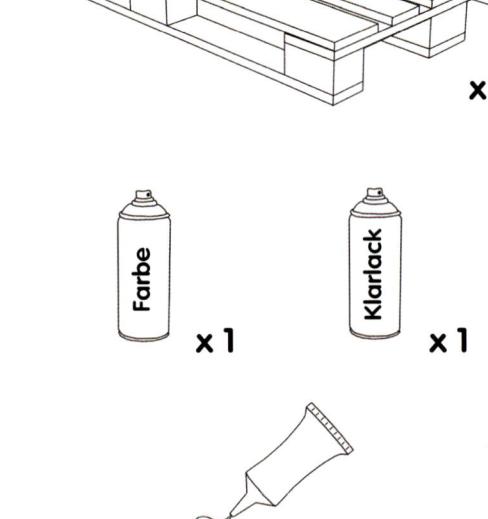

× 2

Farbe × 1

Klarlack × 1

× 1 Tube

× 4

× 25

× 2 120 cm Länge
× 2 80 cm Länge

× 4

2 x 3 x 120 cm

× 4

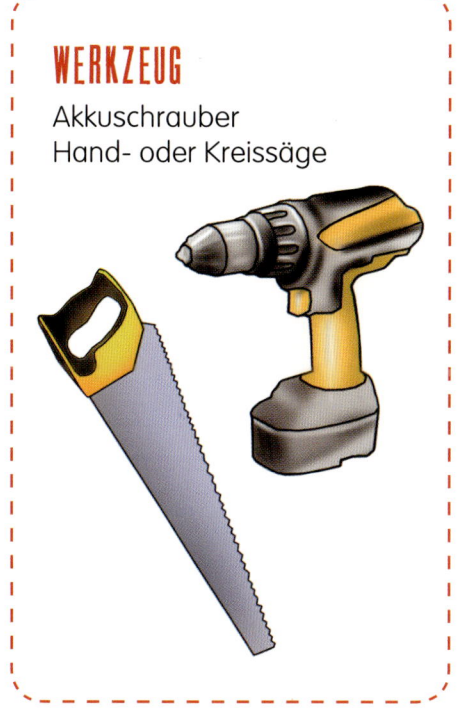

Betonen Sie den Effekt dieses roten Couchtisches mit schwarzen L-Profilen und Leisten in den Palettenzwischenräumen. Verwenden Sie schwarze Farbe aus der Spraydose. Achten Sie drauf, die Spraydose nur im Außenbereich zu verwenden.

AUSARBEITUNG

Für dieses Möbel haben wir die farbige Gestaltungsvariante gewählt. Tragen Sie zunächst vor dem Abschleifen eine erste Schicht weiße Farbe und nach dem Schleifen die eigentliche Farbe auf.

Tipp: Wenn Sie über die Farbe einen Schutzlack auftragen, erhöhen Sie die Haltbarkeit der Farbe. Die Leisten und die L-Profile werden vor dem Zusammenbauen gestrichen.
Verwenden Sie hierfür einen Schleifer, Schleifpapier mit 120er Körnung, weiße Farbe, Farbe Ihrer Wahl, eine Farbspraydose und eine Lackspraydose.

SCHRITT-FÜR-SCHRITT

A. Setzen Sie die beiden Paletten aufeinander. Die Deckplatte der oberen Palette muss nach oben zeigen und die Deckplatte der unteren Palette zeigt nach unten. Befestigen Sie die Schrauben diagonal in den Klötzen, sodass jeweils zwei Klötze zusammengeschraubt sind. ▶

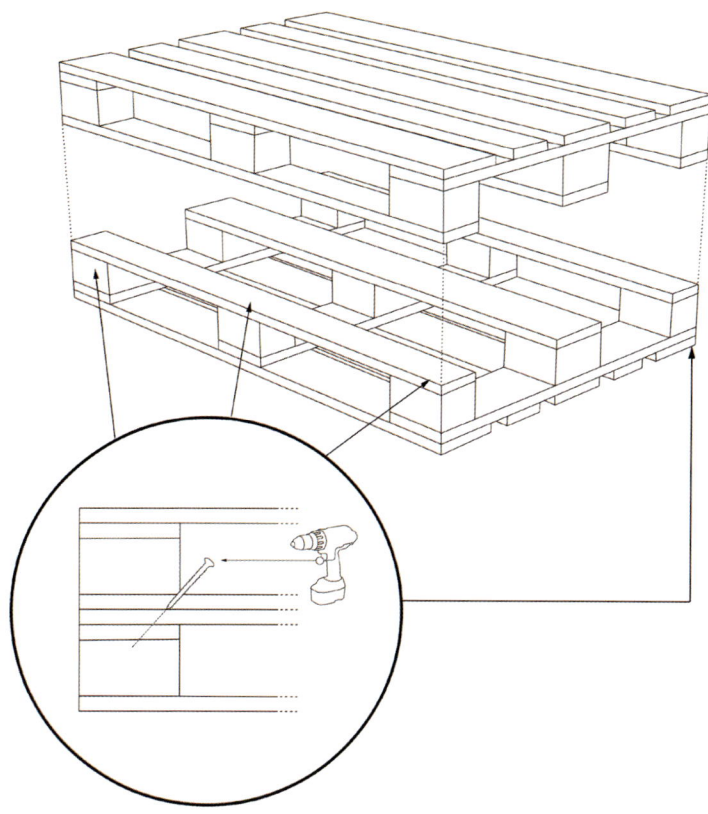

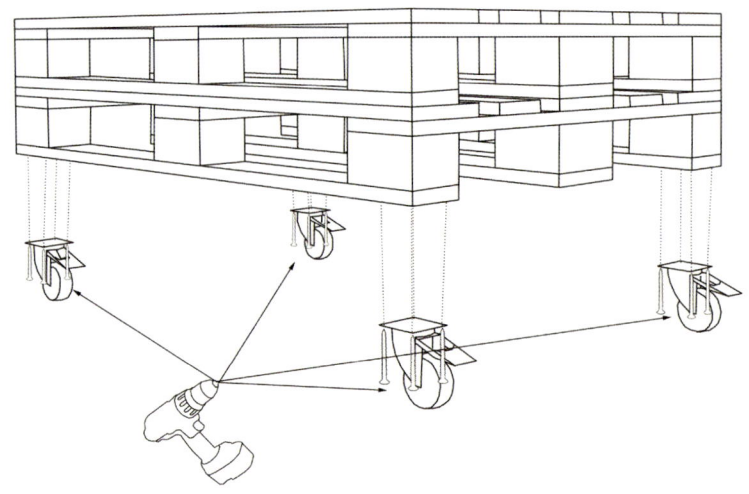

◄B. Schrauben Sie die 4 Rollen an die 4 Ecken unter die untere Palette. Achten Sie darauf, die Rollen nicht zu nah am Rand zu befestigen.

C. Die Leisten und die L-Profile müssen vor der Montage an den Tisch gestrichen werden. Jedes der Profile muss an den Enden in einem 45° Winkel abgesägt werden, um auf dem Tisch befestigt werden zu können. Verwenden Sie für genaues Arbeiten eine Gehrungslehre. ▶

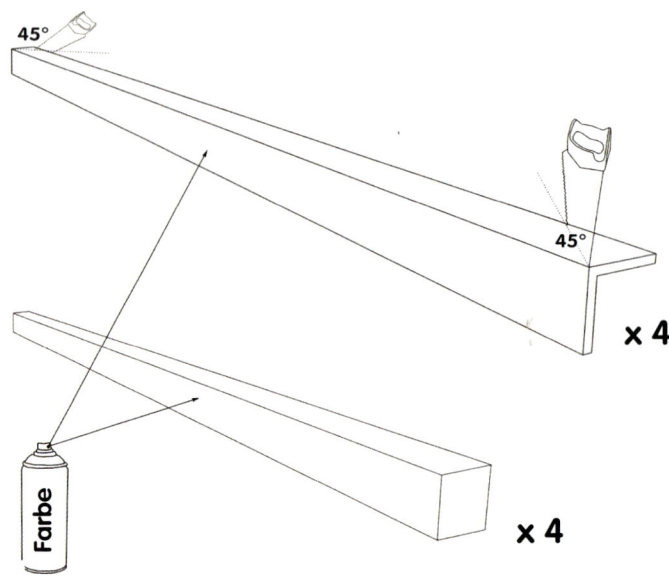

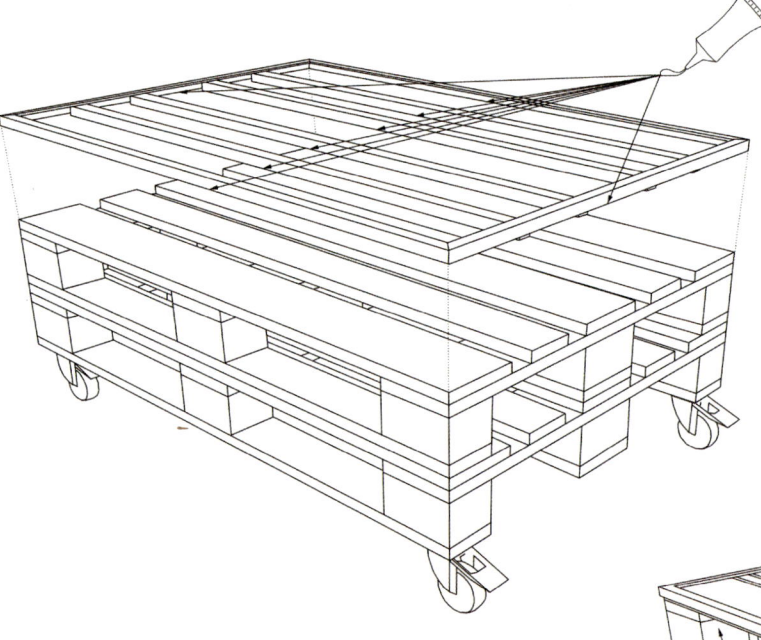

◄D. Wenn die Leisten und L-Profile gestrichen und zugesägt sind, kleben Sie sie auf den Tisch. Die L-Profile dienen dazu, die oberen Kanten der Palette abzudecken, mit den Leisten werden die Lücken zwischen den Palettenbrettern geschlossen.

E. Tragen Sie nach Belieben ein bis zwei Schichten Klarlack auf. ▶

RÉCAMIERE UND ECKSOFA

RÉCAMIERE

MATERIAL

▶ 4 Paletten
▶ Holzplatte in der gewünschten Verarbeitung (Naturholz oder andere im Baumarkt erhältliche Ausführung). Die Maße sind Anhaltspunkte und sollten direkt an den verwendeten Paletten überprüft werden.
▶ **a:** Brett, für die Oberseite der Rückenlehne, für eine saubere Verarbeitung
▶ **b:** Bretter für die Regale an der Seite des Sofas
▶ **c:** Brett für die Oberseite der Seitenlehne, für eine saubere Verarbeitung
▶ 40 Schrauben, 55 mm

BAUPLAN

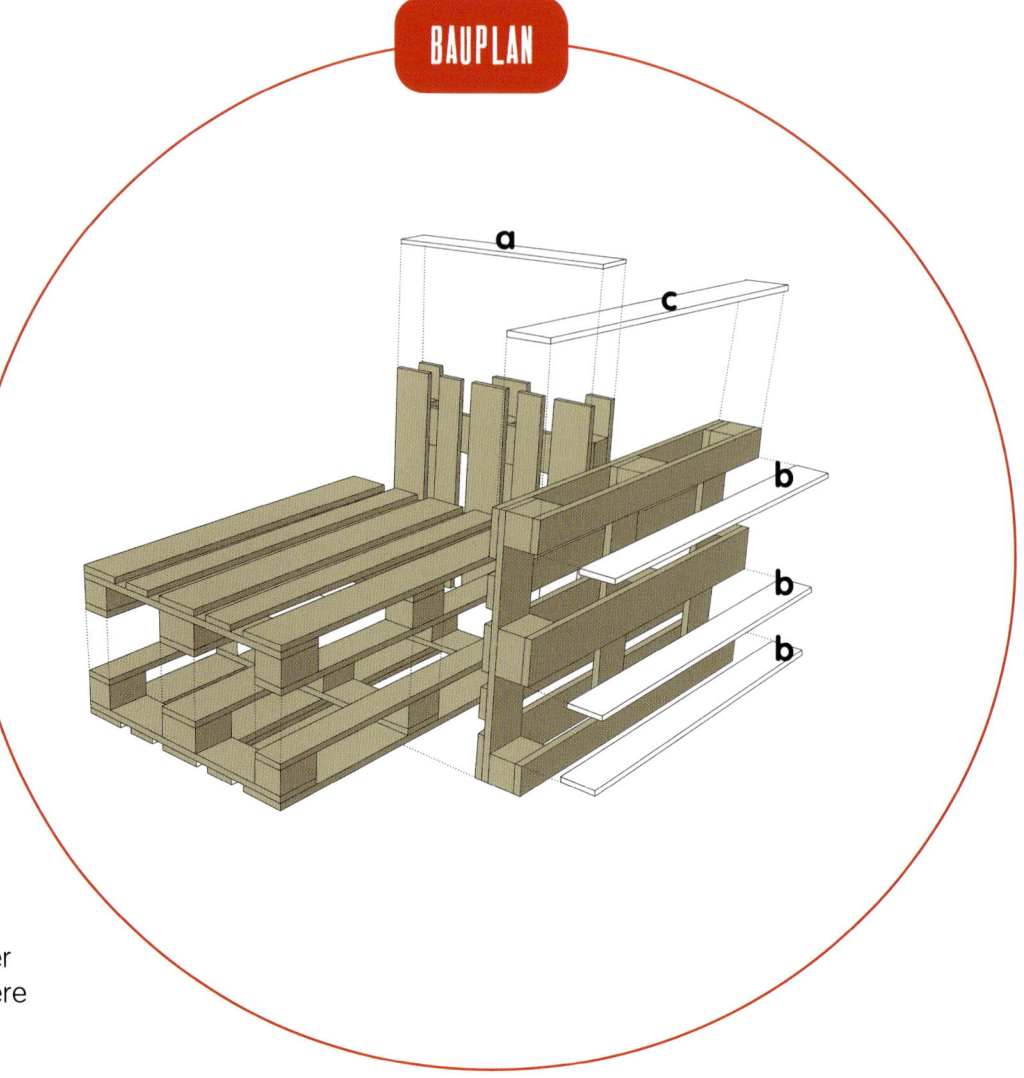

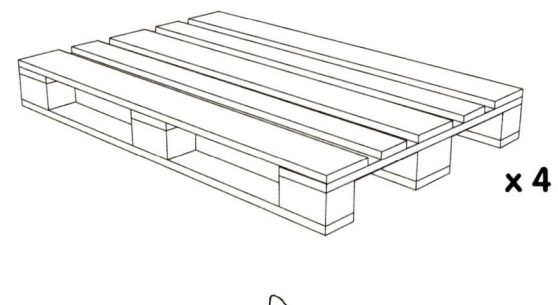
×4

× 40

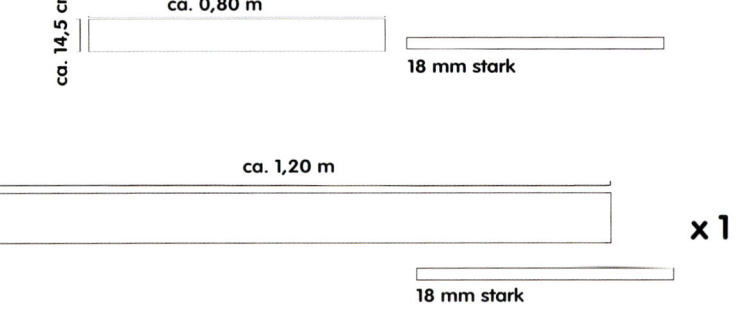

ca. 14,5 cm — ca. 0,80 m — 18 mm stark — ×1

ca. 14,5 cm — ca. 1,20 m — 18 mm stark — ×1

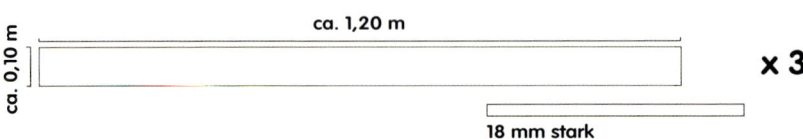

ca. 0,10 m — ca. 1,20 m — 18 mm stark — ×3

Akkuschrauber
Hand- oder Kreissäge

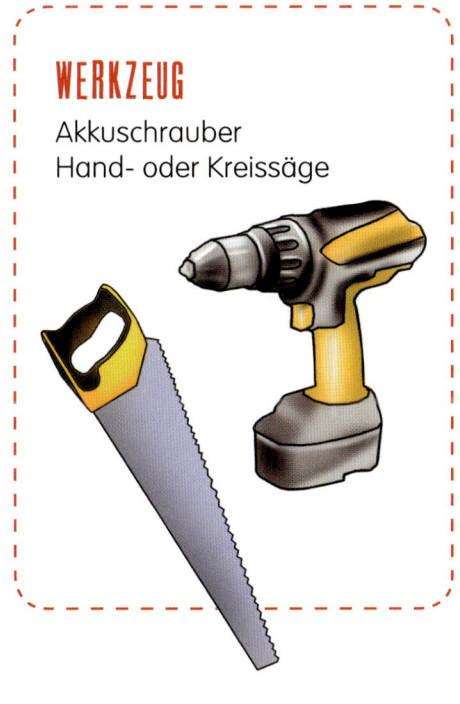

Diese Récamiere kann durch Ansetzen eines weiteren Möbelteils in ein Ecksofa verwandelt werden. Für das Ecksofa finden Sie die Schritt-für-Schritt Anleitung in diesem Buch (S.56).

AUSARBEITUNG

Für dieses Möbel haben wir die farbige Gestaltungsvariante gewählt. Tragen Sie zunächst vor dem Schleifen eine erste Schicht weiße Farbe und nach dem Schleifen die eigentliche Farbe auf.

Tipp: Wenn Sie über die Farbe einen Schutzlack auftragen, erhöhen Sie die Haltbarkeit der Farbe. Verwenden Sie hierfür einen Schleifer, Schleifpapier mit 120er Körnung, weiße Farbe, Farbe Ihrer Wahl und eine Dose Klarlack (oder eine Lacksspraydose).
Die Regale und die Bretter, die die Oberseite des Sofas bilden müssen vor dem Zusammenbauen gestrichen werden.

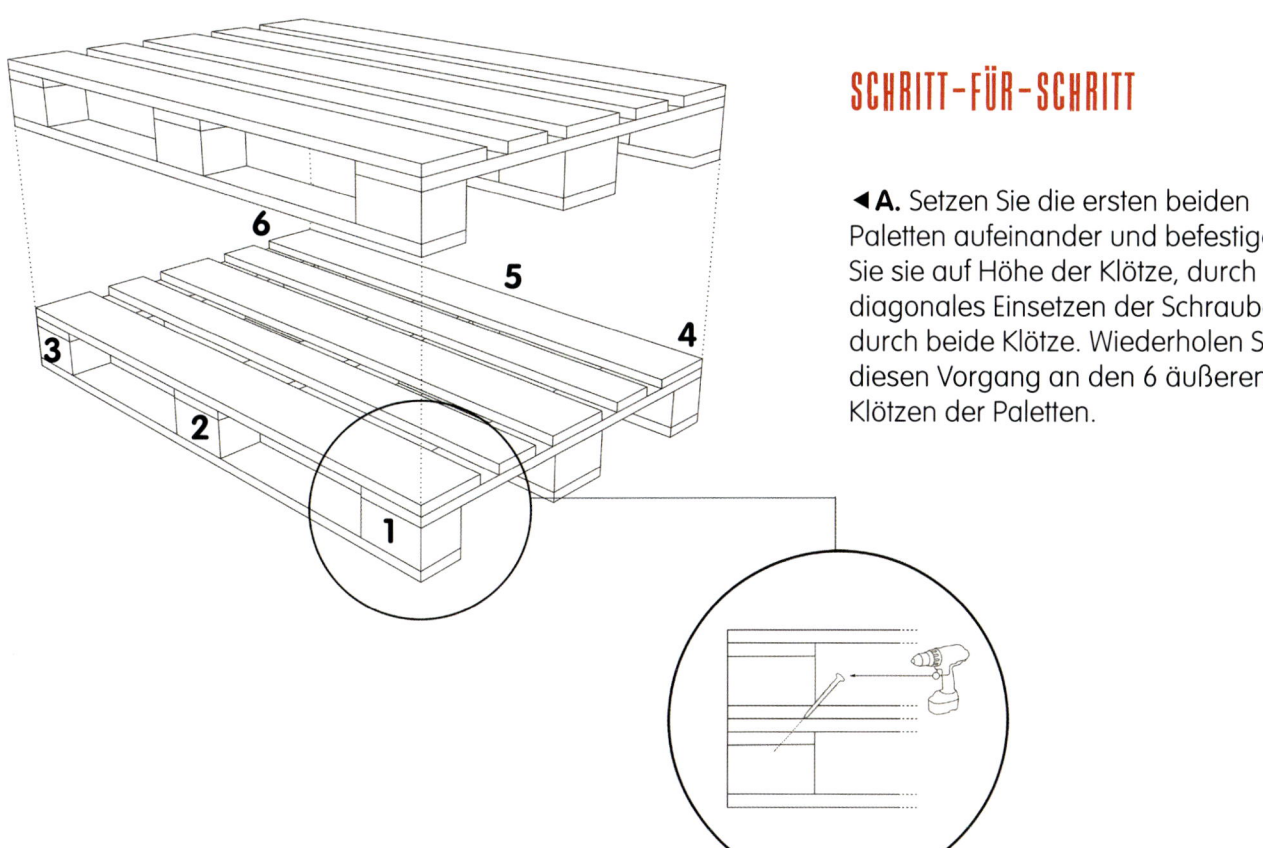

SCHRITT-FÜR-SCHRITT

◄ **A.** Setzen Sie die ersten beiden Paletten aufeinander und befestigen Sie sie auf Höhe der Klötze, durch diagonales Einsetzen der Schrauben durch beide Klötze. Wiederholen Sie diesen Vorgang an den 6 äußeren Klötzen der Paletten.

B. Sägen Sie eine Palette der Breite nach auf eine Länge von 80 cm zu. ▶

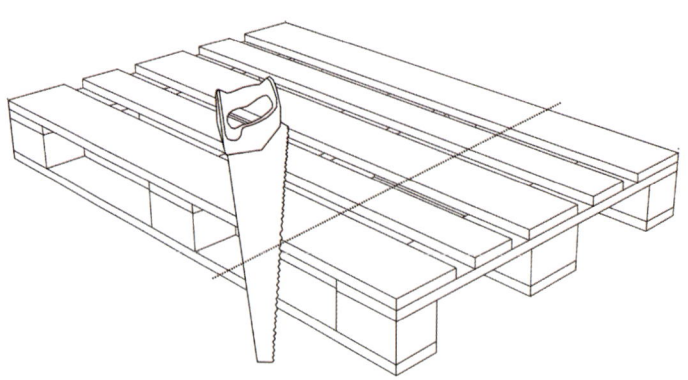

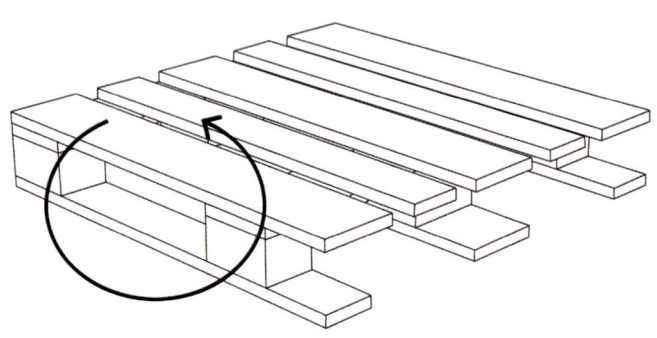

◀**C.** Stellen Sie die Palette, die die Rückenlehne des Sofas bildet, aufrecht.

D. Setzen Sie die auf 80 cm gekürzte Palette an die kurze Seite der beiden zusammengesetzten Paletten (Schritt A). Befestigen Sie die Palette von hinten durch die Klötze und durch die Deckbretter, wie auf der Skizze angegeben. ▼

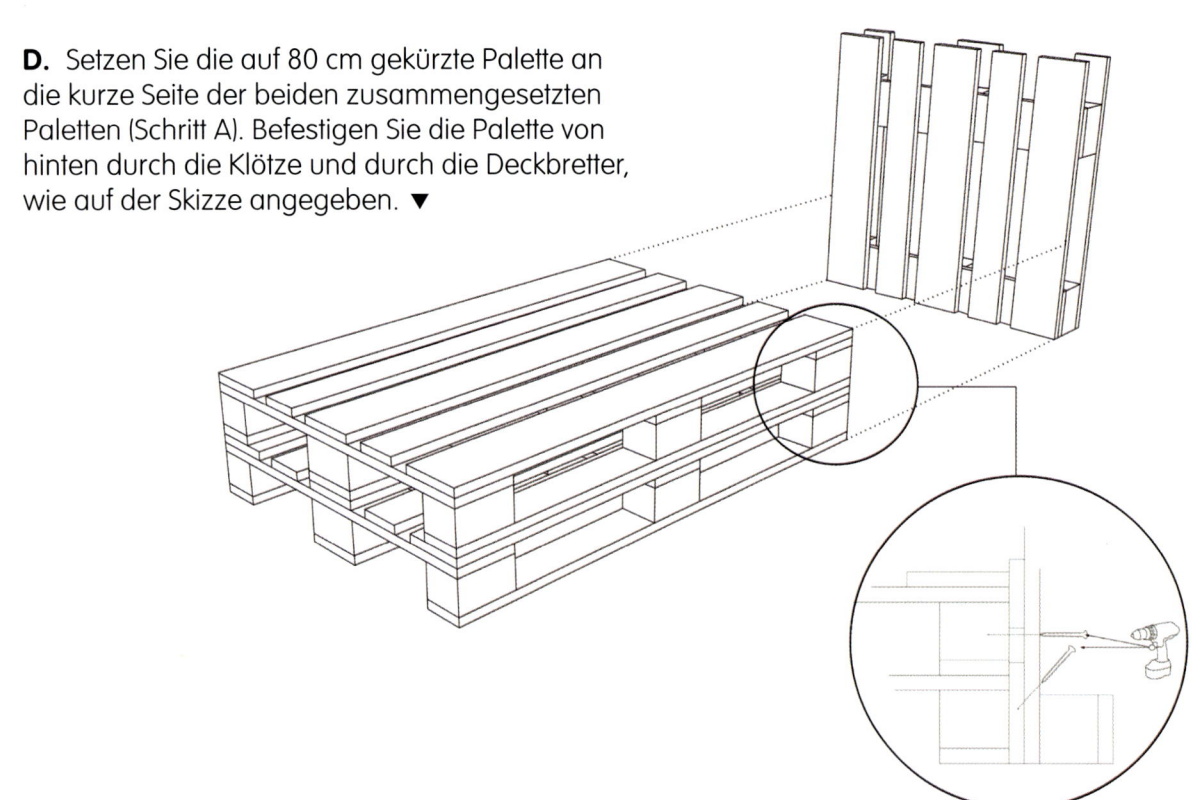

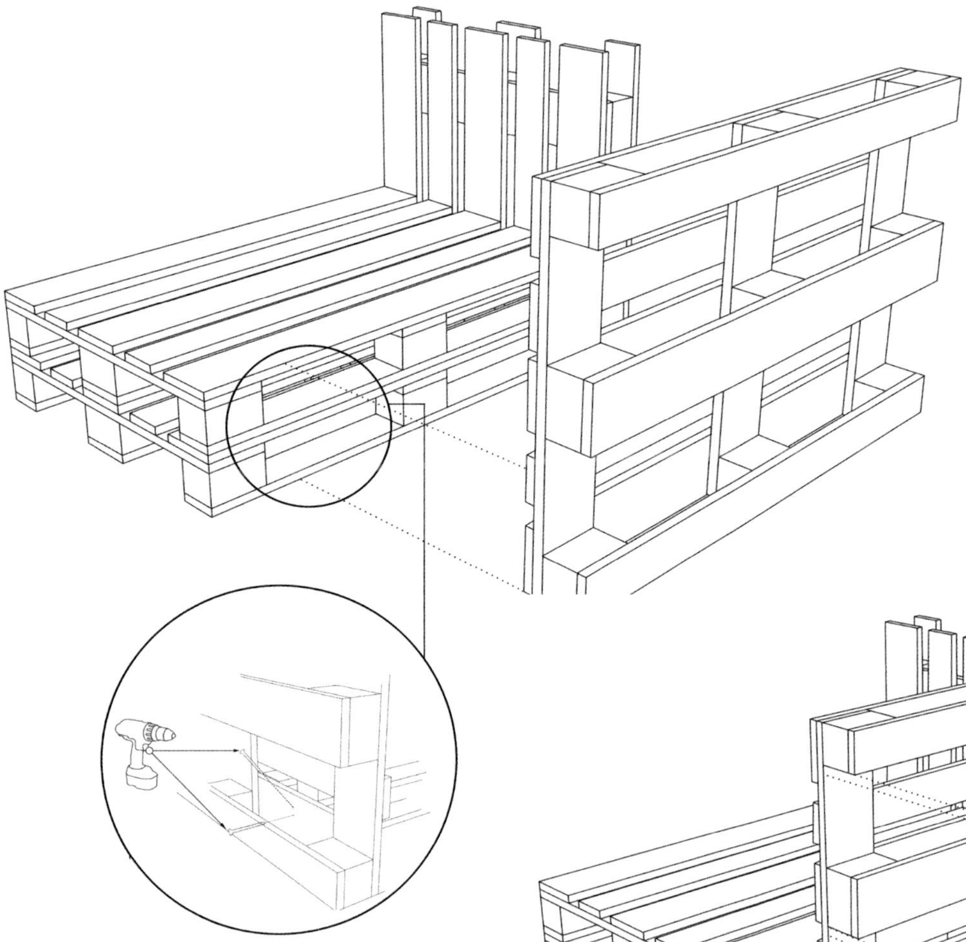

◀ **E.** Setzen Sie eine Palette auf eine Seite des Palettengefüges für die Seitenlehne des Sofas. Befestigen Sie die Bretter an den Klötzen der beiden Paletten, welche die Sitzfläche bilden.

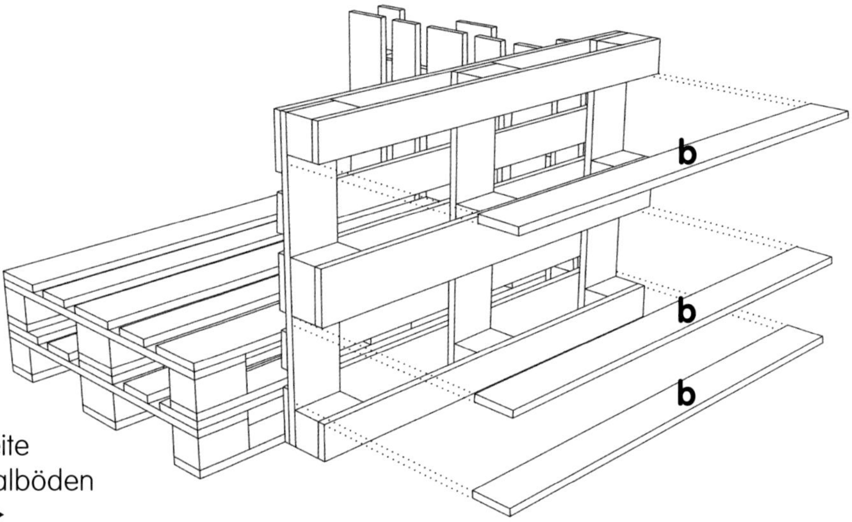

F. Setzen Sie die drei Regalböden auf die Seite des Sofas (Bretter **b**). Befestigen Sie die Regalböden mit Schrauben an den Klötzen der Palette. ▶

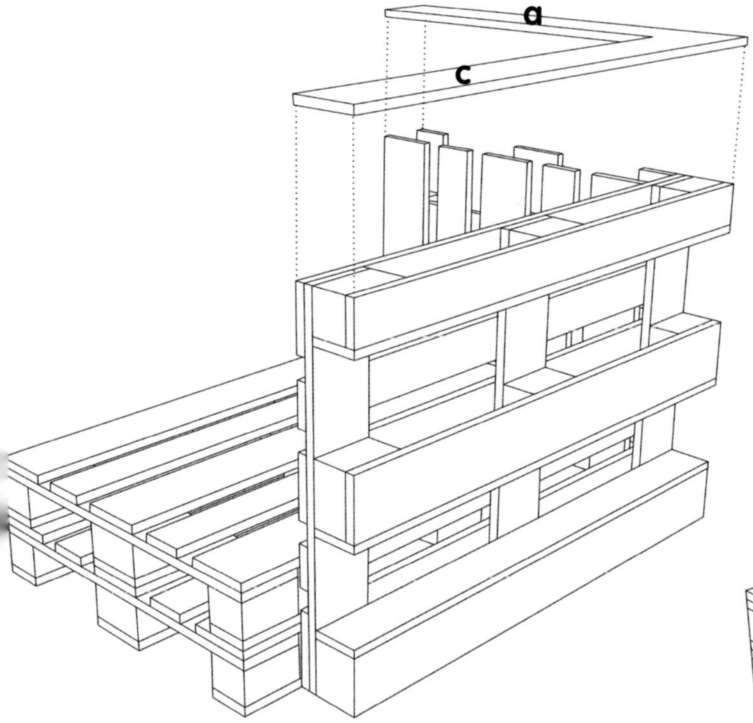

◀ **G.** Legen Sie die Oberseite der Rückenlehne (Bretter **a** und **c**) auf und befestigen Sie diese mit Schrauben in den Palettenklötzen.

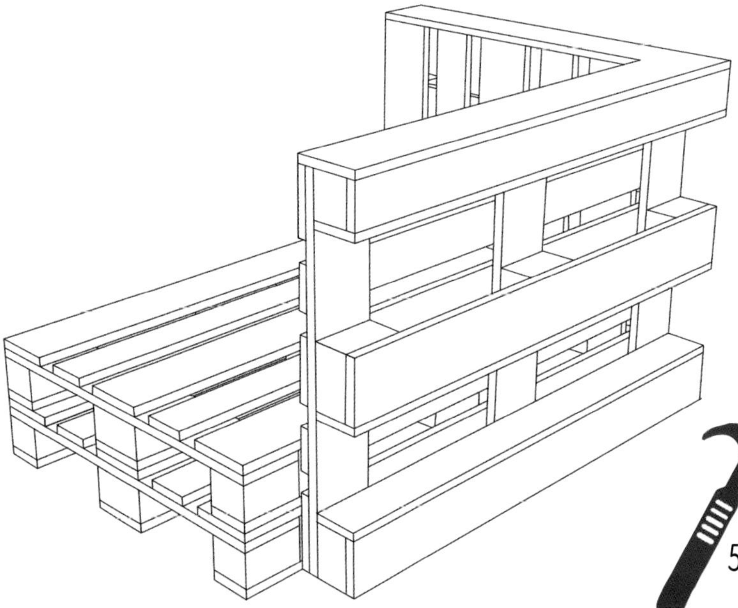

55

ECKSOFA

BAUPLAN

a   a   c

a

b
b
b
b

b

b

b

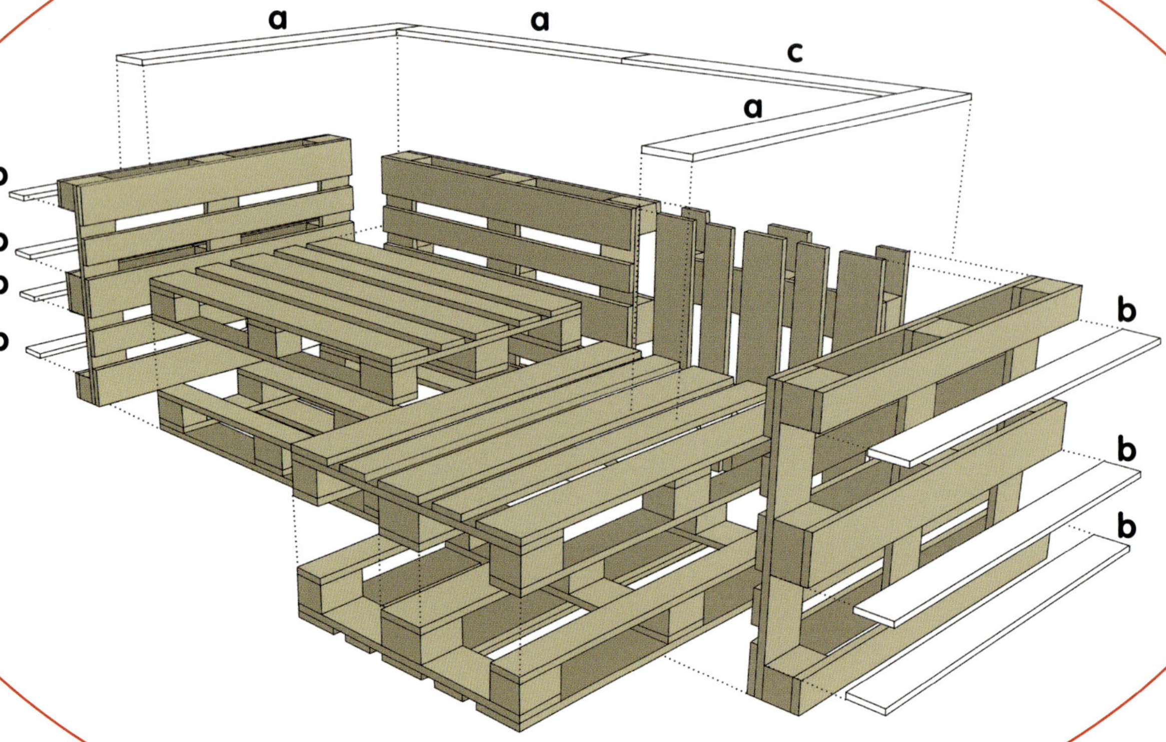

WERKZEUG

Akkuschrauber
Hand- oder
Kreissäge

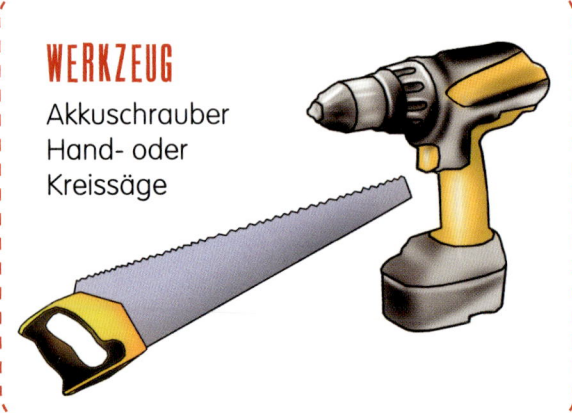

Dieses Möbel wird aus zwei einzelnen Teilen zusammengesetzt. Schrauben Sie das Möbel nicht zusammen, um seine Mobilität zu erhalten und es bei Bedarf leicht umstellen zu können.

MATERIAL

- ▶ 8 Paletten
- ▶ Holzplatte mit der gewünschten Ausfertigung (Naturholz, wenn Sie sie streichen wollen oder andere im Baumarkt erhältliche Ausfertigung). Die Maße sind Anhaltspunkte und sollten direkt an den verwendeten Paletten überprüft werden.
- ▶ **a:** Brett, für die Oberseite der Rückenlehne, für eine saubere Verarbeitung
- ▶ **b:** Bretter für die Regale an der Seite des Sofas
- ▶ **c:** Brett für die Oberseite der Seitenlehne, für eine saubere Verarbeitung
- ▶ 70 Schrauben, 55 mm

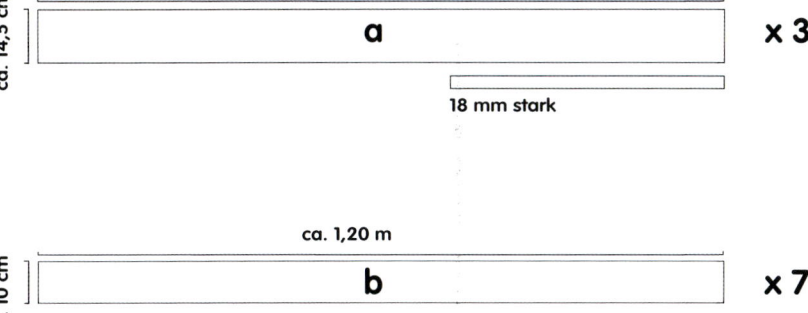

ca. 1,20 m

ca. 14,5 cm

a

18 mm stark

× 3

ca. 1,20 m

ca. 10 cm

b

18 mm stark

× 7

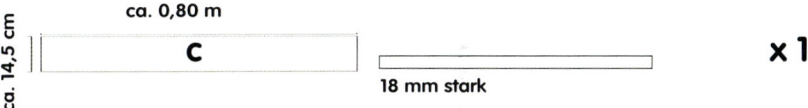

ca. 0,80 m

ca. 14,5 cm

c

18 mm stark

× 1

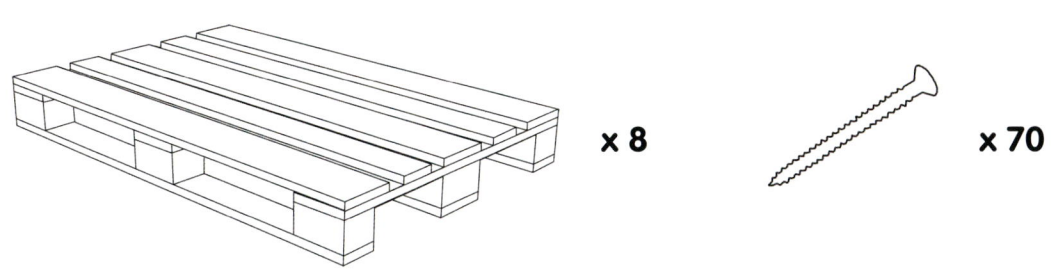

× 8

× 70

AUSARBEITUNG

Für dieses Möbel haben wir die farbige Gestaltungsvariante gewählt. Tragen Sie zunächst vor dem Schleifen eine erste Schicht weiße Farbe und nach dem Schleifen die eigentliche Farbe auf.

Tipp: Wenn Sie über die Farbe einen Schutzlack auftragen, erhöhen Sie die Haltbarkeit der Farbe. Verwenden Sie hierfür einen Schleifer, Schleifpapier mit 120er Körnung, weiße Farbe, Farbe Ihrer Wahl und eine Dose Klarlack (oder eine Lackspraydose).
Die Regale und die Bretter, die die Oberseite der Rückenlehne bilden, müssen vor dem Zusammenbau gestrichen werden.

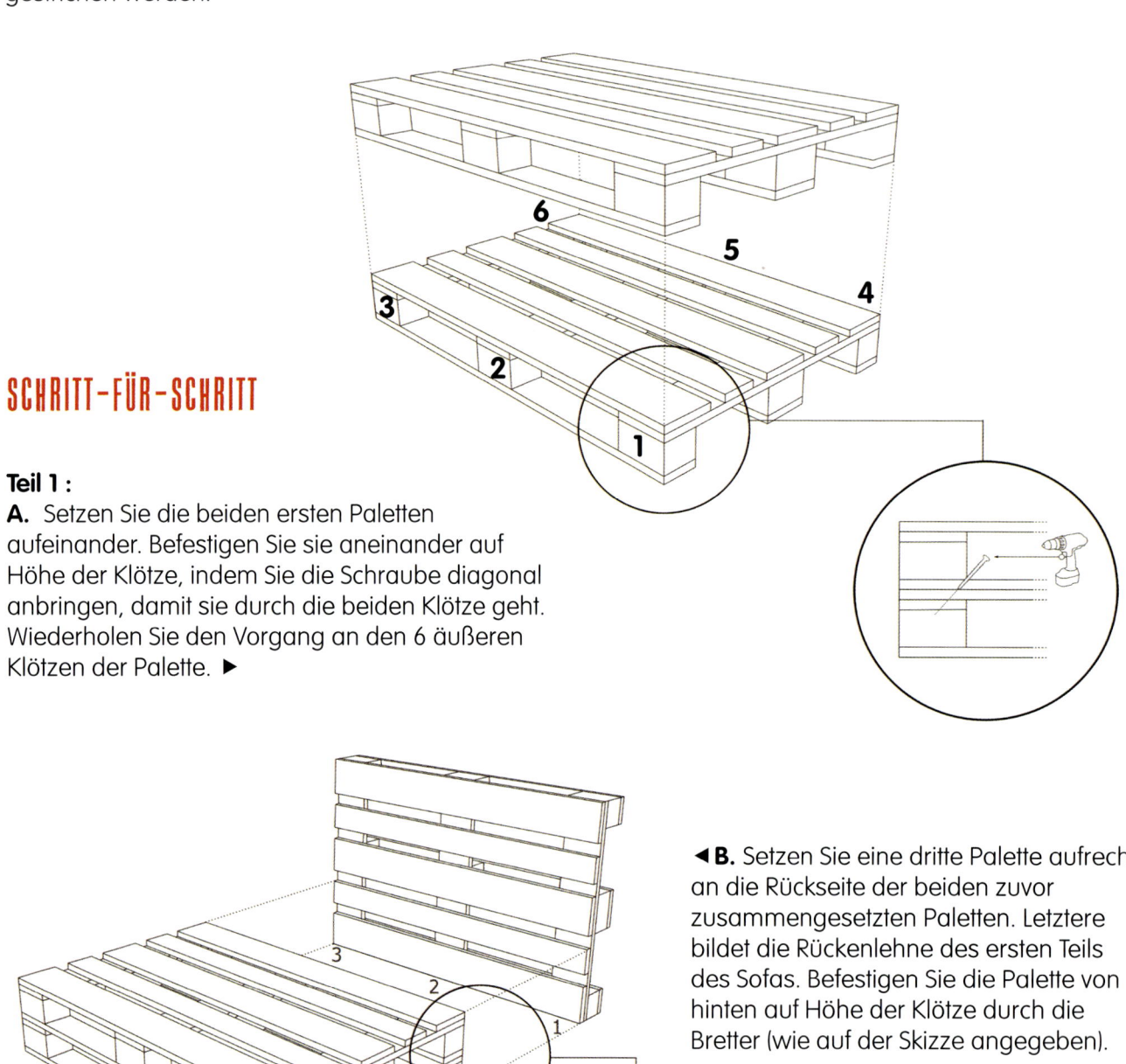

SCHRITT-FÜR-SCHRITT

Teil 1 :
A. Setzen Sie die beiden ersten Paletten aufeinander. Befestigen Sie sie aneinander auf Höhe der Klötze, indem Sie die Schraube diagonal anbringen, damit sie durch die beiden Klötze geht. Wiederholen Sie den Vorgang an den 6 äußeren Klötzen der Palette. ▶

◀**B.** Setzen Sie eine dritte Palette aufrecht an die Rückseite der beiden zuvor zusammengesetzten Paletten. Letztere bildet die Rückenlehne des ersten Teils des Sofas. Befestigen Sie die Palette von hinten auf Höhe der Klötze durch die Bretter (wie auf der Skizze angegeben).

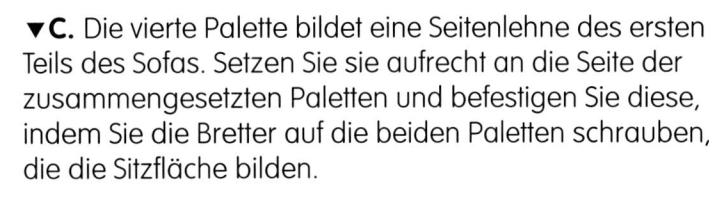

▼**C.** Die vierte Palette bildet eine Seitenlehne des ersten Teils des Sofas. Setzen Sie sie aufrecht an die Seite der zusammengesetzten Paletten und befestigen Sie diese, indem Sie die Bretter auf die beiden Paletten schrauben, die die Sitzfläche bilden.

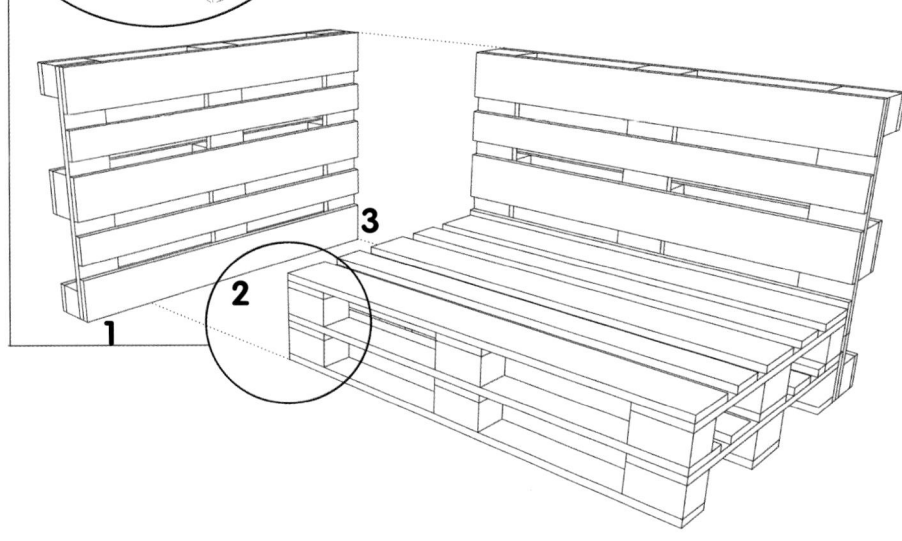

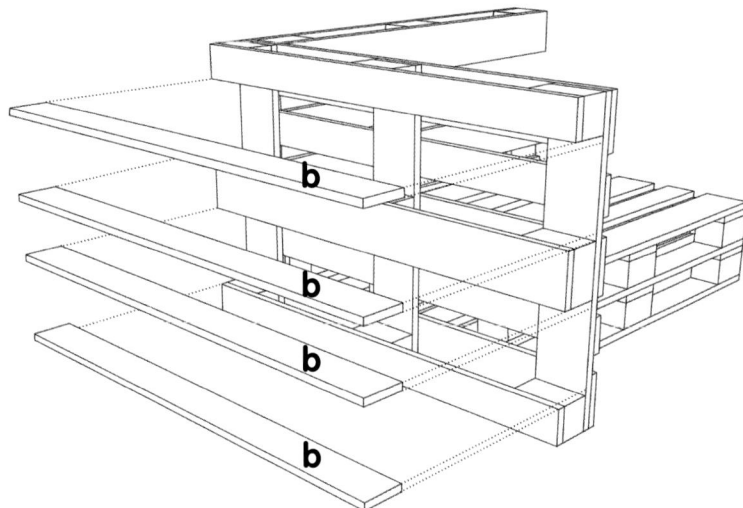

◀**D.** Sie können jetzt die Regalböden auf die zuletzt montierte Palette setzen (Bretter **b**) (die zuvor gestrichenen Regalböden, falls das die Variante Ihrer Wahl ist). Das Anbringen der Regalböden ist ganz nach Belieben. Setzen Sie die Bretter unter die Klötze, erhalten Sie Staufächer, setzen Sie sie darüber, erhalten Sie Regale.

E. Befestigen Sie die zuvor eingesetzten Regalböden, indem Sie sie auf die Klötze der Palette schrauben. Setzen Sie anschließend die Bretter, die den oberen Abschluss des ersten Teils des Sofas (Bretter **a**) bilden, auf und befestigen Sie diese ebenfalls mit Schrauben in den Klötzen. ▶

Der erste Teil des Sofas ist jetzt fertiggestellt.

Für den zweiten Teil, folgen Sie der Schritt-für-Schritt-Anleitung der Récamiere S. 53–55

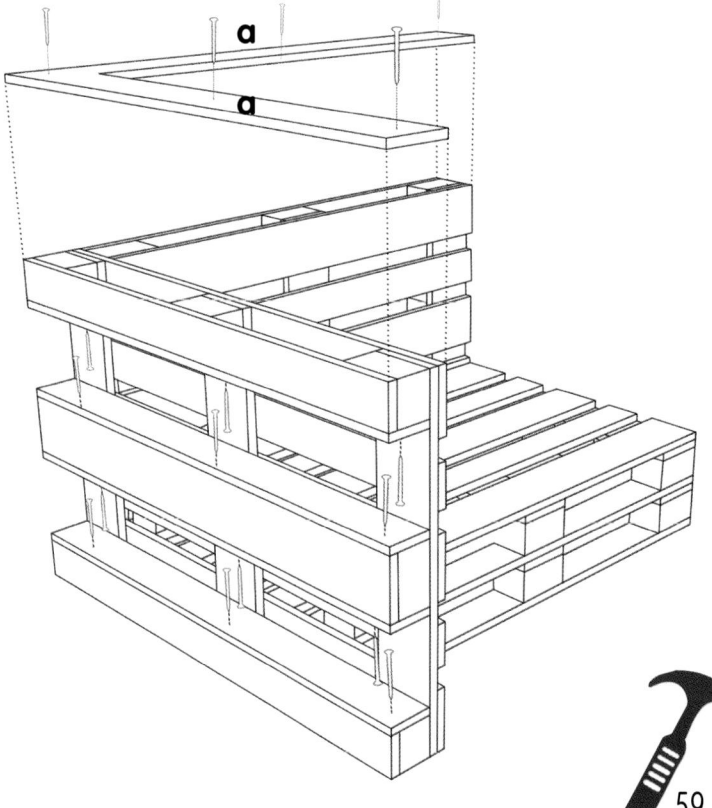

ECKSOFA

Der zweite Teil des Sofas ist jetzt fertiggestellt. Sie können diesen ebenfalls als Récamiere verwenden (siehe S. 52). ▶

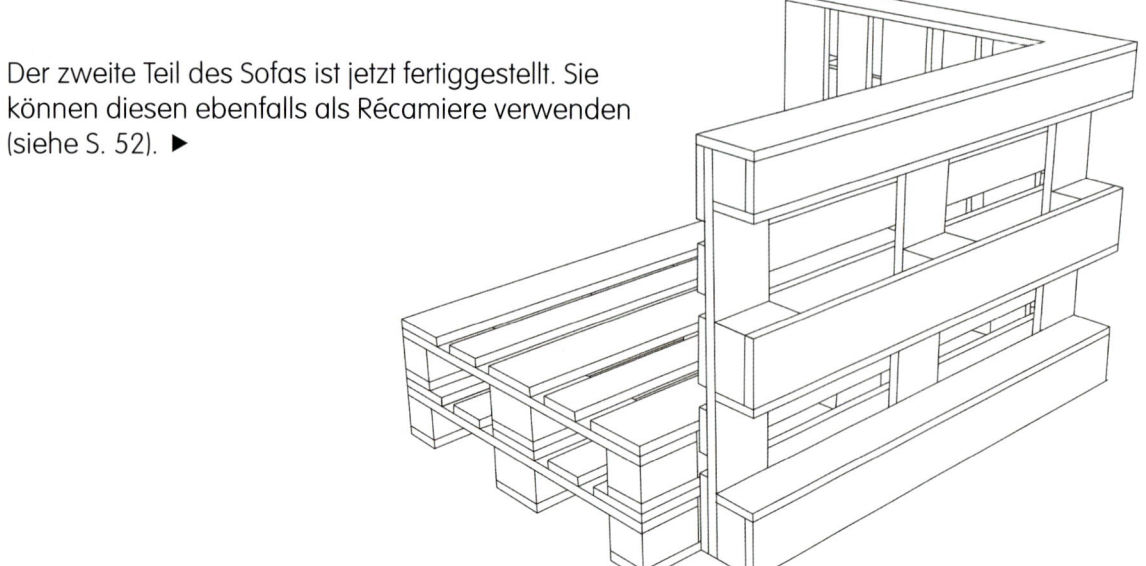

◀ Schieben Sie die beiden Sofateile zusammen.

Tipp: Befestigen Sie sie nicht aneinander, um den Transport zu erleichtern.

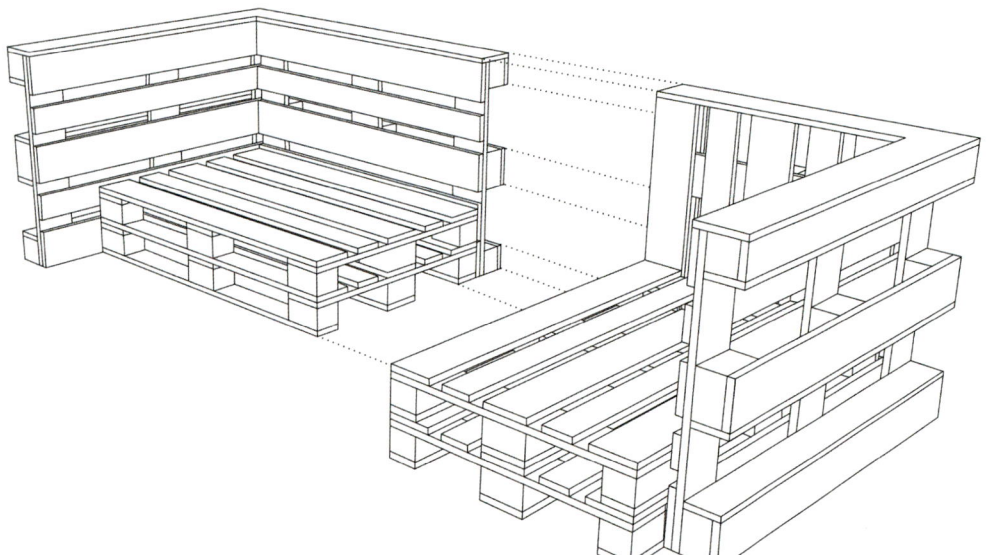

Dekorieren Sie Ihr Sofa mit großen Kissen oder anderen Accessoires, die es gemütlich machen. Wenn Sie wünschen, dass die Ecke Ihres Sofas auf der anderen Seite ist, genügt es beim Anschrauben der Paletten die Seite zu wechseln. ▶

GARTENBANK MIT LEHNE

GARTENBANK MIT LEHNE

MATERIAL

▶ 3 Paletten
▶ 15 Schrauben, 55 mm

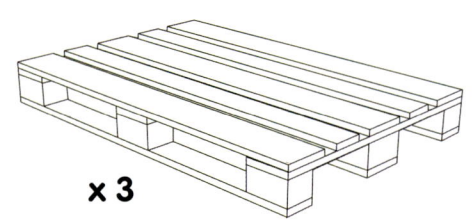

× 3

× 15

BAUPLAN

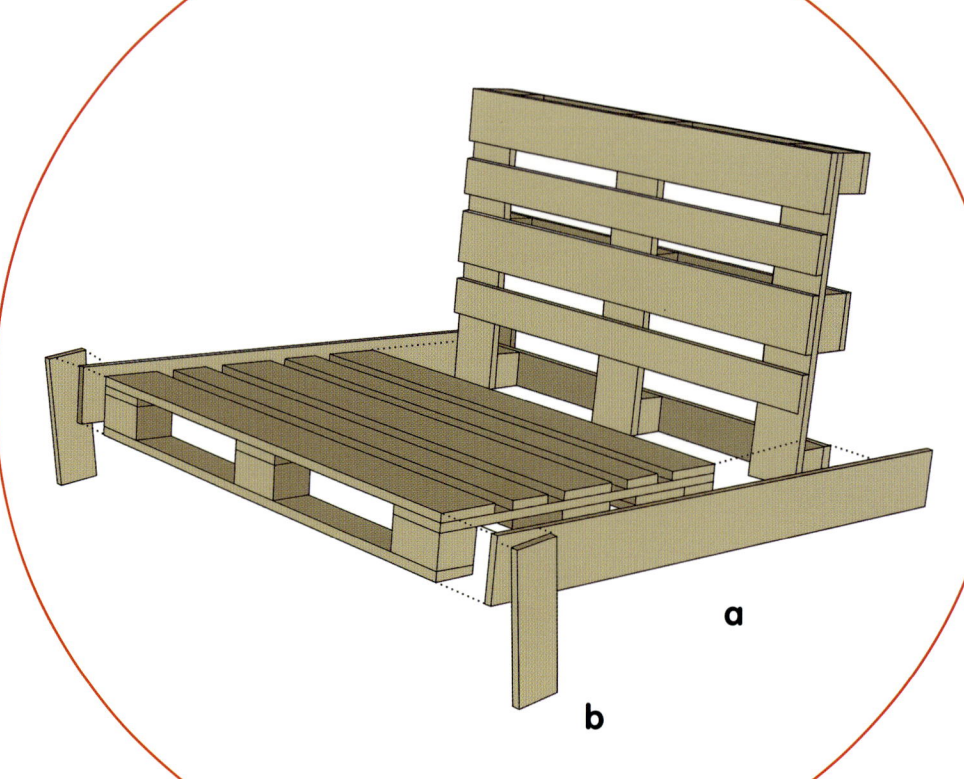

a

b

Denken Sie daran, die Bank im Außenbereich vor Wettereinflüssen zu schützen. Wenn Sie sich für Farbe entscheiden, wählen Sie eine wetterfeste Farbe und schützen Sie diese mit Klarlack.

WERKZEUG

Akkuschrauber
Hammer
Meißel

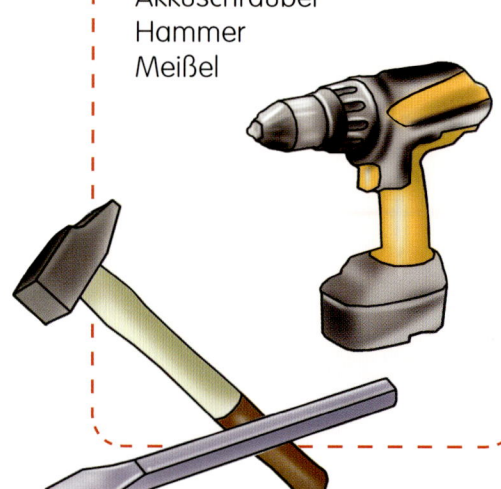

AUSARBEITUNG

Für dieses Möbel haben wir die farbige Gestaltungsvariante gewählt. Tragen Sie zunächst vor dem Schleifen eine erste Schicht weiße Farbe und nach dem Schleifen die eigentliche Farbe auf.

Verwenden Sie hierfür einen Schleifer, Schleifpapier mit 120er Körnung, weiße Farbe und Farbe Ihrer Wahl. Wir empfehlen Ihnen, eine wetterfeste Farbe zu verwenden oder die Bank zu lackieren, um sie vor Wettereinflüssen zu schützen.

SCHRITT-FÜR-SCHRITT

A. Legen Sie die erste Palette auf den Boden und entfernen Sie ein Brett an einem der Enden der Palette mit Hammer und Meißel. ▶

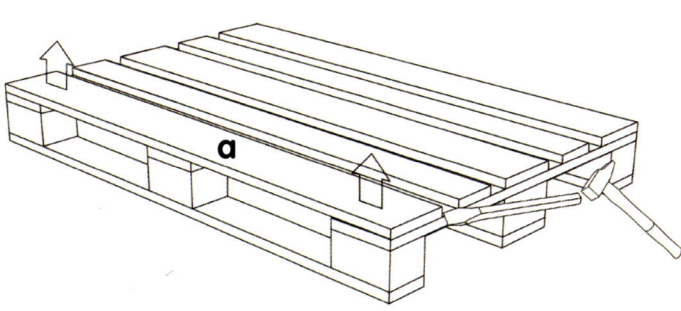

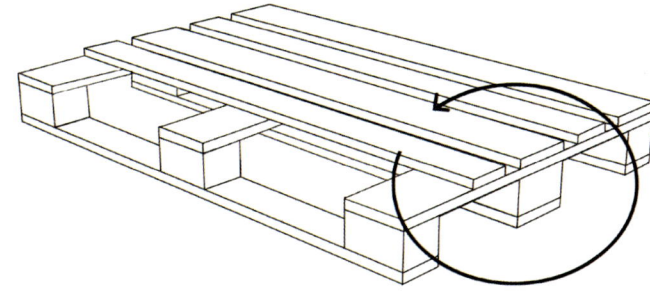

◀**B.** Legen Sie das entfernte Brett zur Seite. Daraus wird einer der Füße der Bank. Stellen Sie die Palette auf.

C. Legen Sie die zweite Palette auf den Boden. Die beiden Paletten werden an der Stelle, an der Sie das Brett der ersten Palette entfernt haben, zusammengefügt. ▶

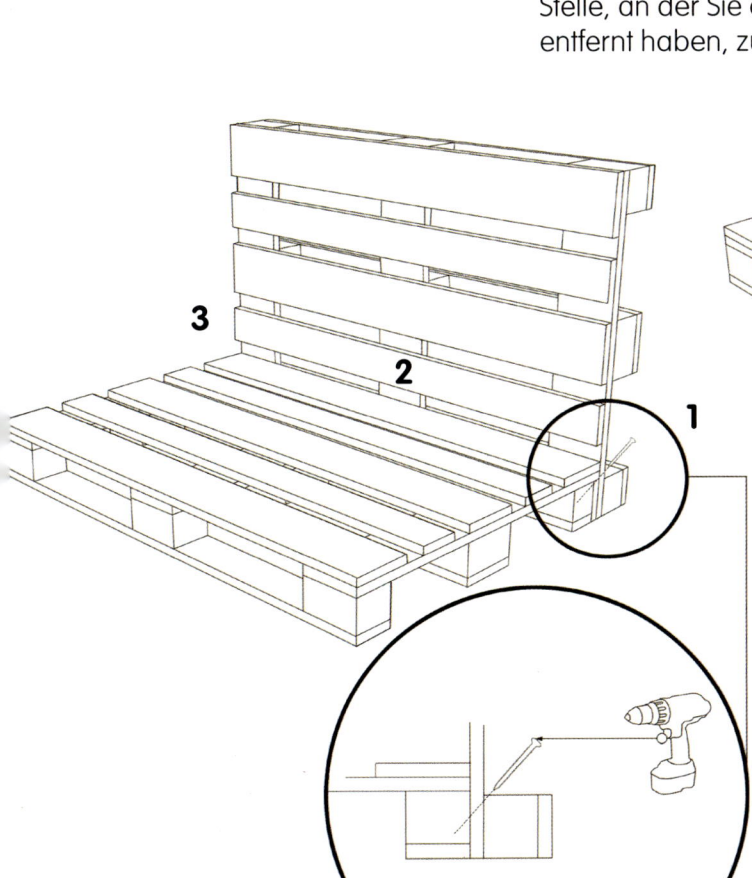

◀**D.** Jetzt können Sie die Paletten miteinander verbinden. Verschrauben Sie dazu die Klötze diagonal miteinander.

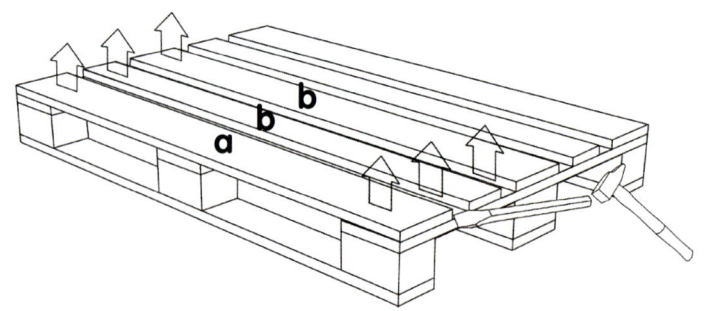

◀ **E.** Legen Sie die dritte Palette auf den Boden und verwenden Sie die drei ersten Deckbretter. Diese Palette dient nur dazu, die Bretter **a** und **b** für die Beine der Gartenbank zu liefern.

F. Positionieren Sie die Sitzfläche und die Rückenlehne der Bank in einem Neigungswinkel, der Ihnen zusagt, sodass Sie die Länge der kleinen Bretter (Bretter **b**), die vorne an der Sitzfläche angebracht werden, bestimmen können. ▶

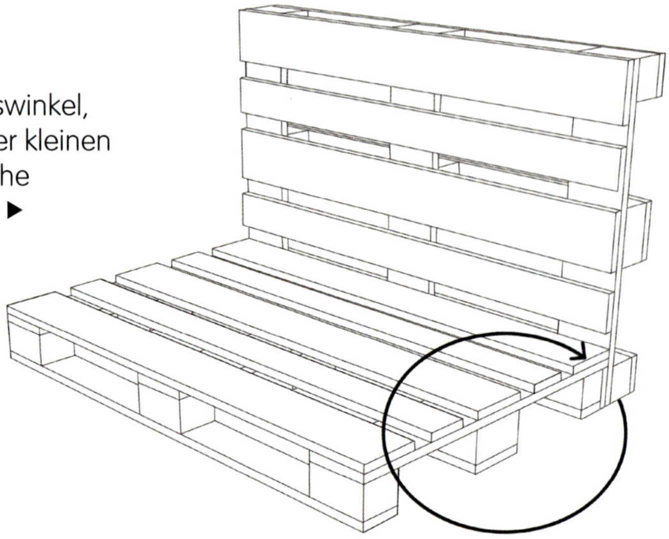

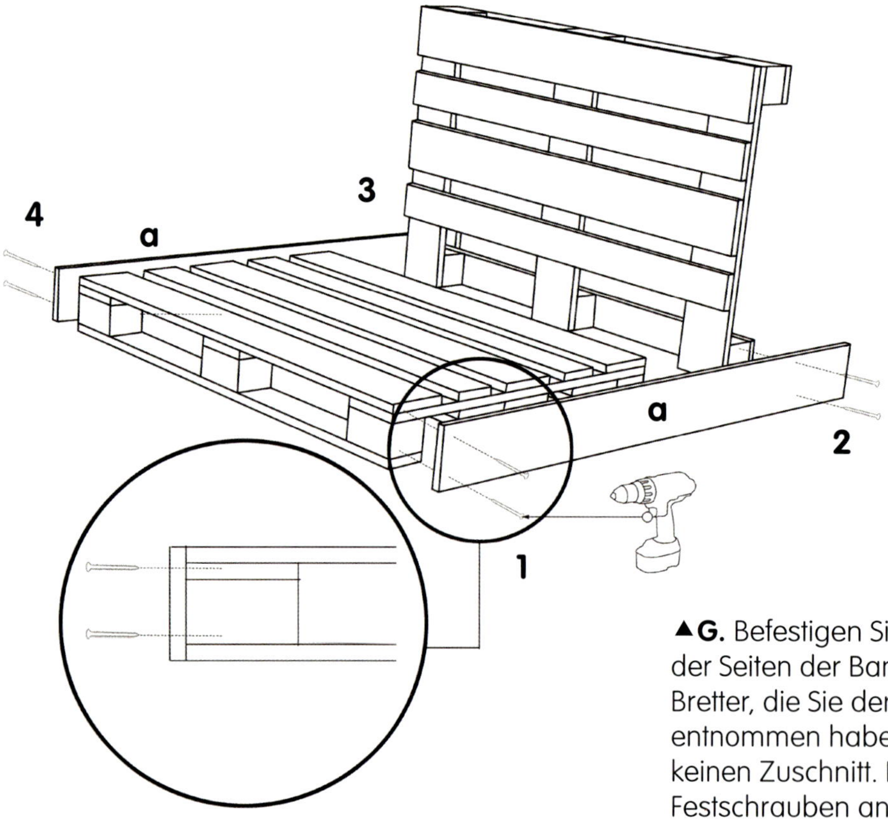

▲**G.** Befestigen Sie zunächst die Bretter entlang der Seiten der Bank (Bretter **a**). Es sind die Bretter, die Sie der ersten und der dritten Palette entnommen haben. Die beiden Bretter benötigen keinen Zuschnitt. Befestigen Sie sie durch Festschrauben an den Seiten, möglichst auf Höhe der Klötze der Sitzfläche.

H. Befestigen Sie anschließend die kleinen Bretter b, die zuvor auf die gewünschten Höhe zugesägt wurden (je höher die Bretter sind, je mehr ist die Bank geneigt) und schrauben Sie sie vorne, seitlich an die Sitzfläche. ▶

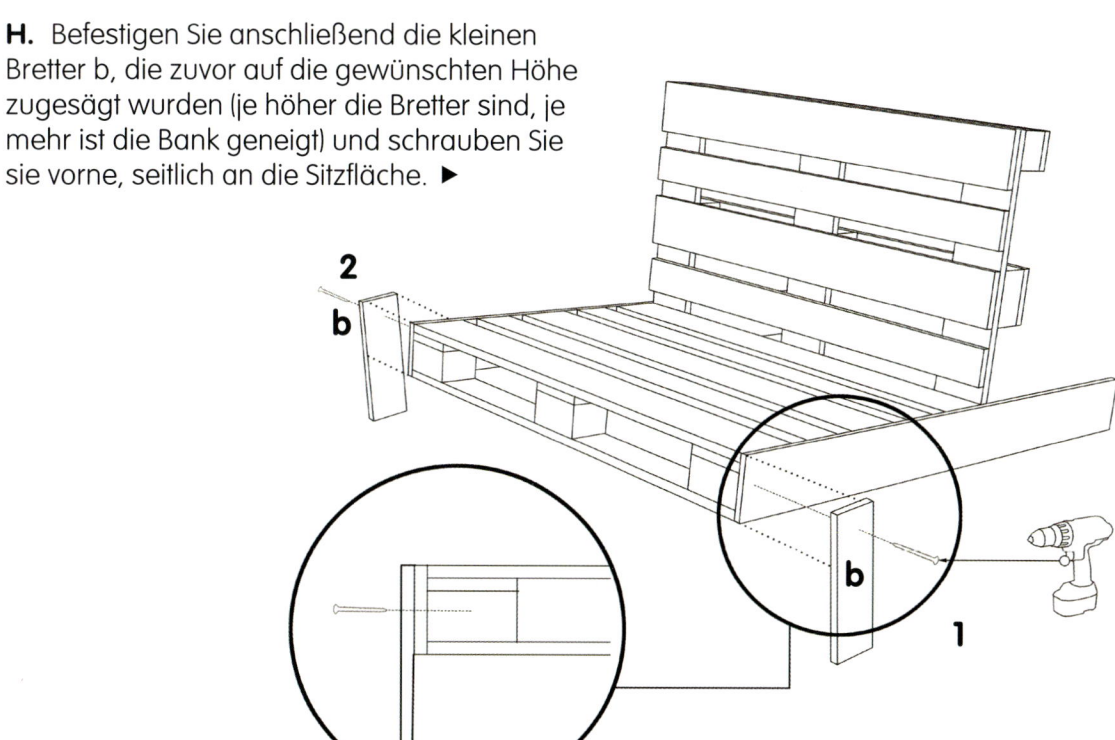

▲**I.** Die Bank kann jetzt im Garten aufgestellt werden. Denken Sie daran, je nach Ausführung das Holz mit Klarlack oder einer speziellen Wetterschutzfarbe gegen Witterungseinflüsse zu schützen.

KINDERSCHREIBTISCH

KINDERSCHREIBTISCH

MATERIAL

- ▶ 3 Paletten
- ▶ 1 beschichtete Holzplatte
- ▶ 12 Schrauben, 55 mm
- ▶ 3 Schrauben, 160 mm
- ▶ Holzleim

× 3

× 15

× 1 Tube

120 cm

beschichtete
Holzplatte

80 cm

18 mm stark

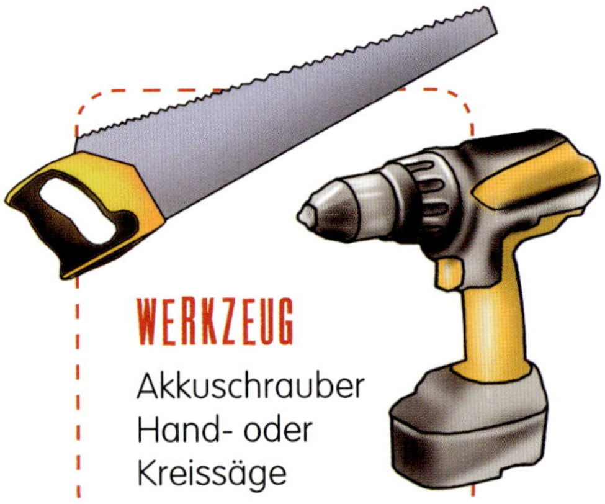

WERKZEUG

Akkuschrauber
Hand- oder
Kreissäge

BAUPLAN

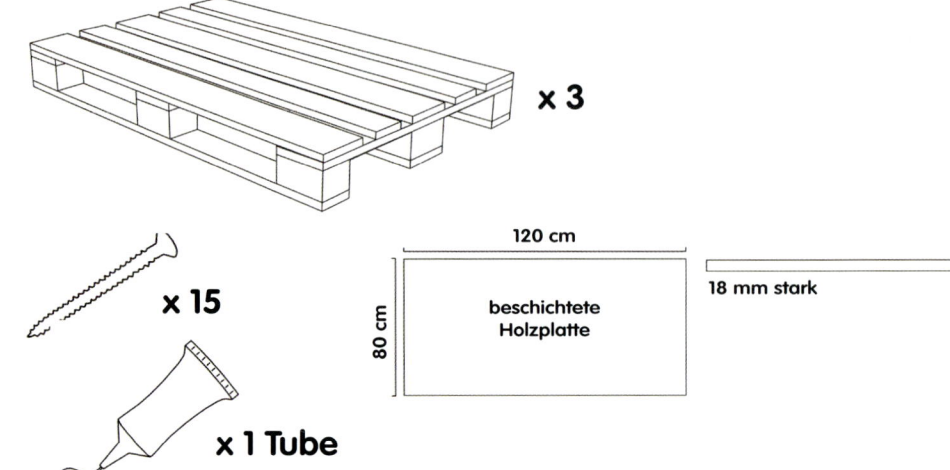

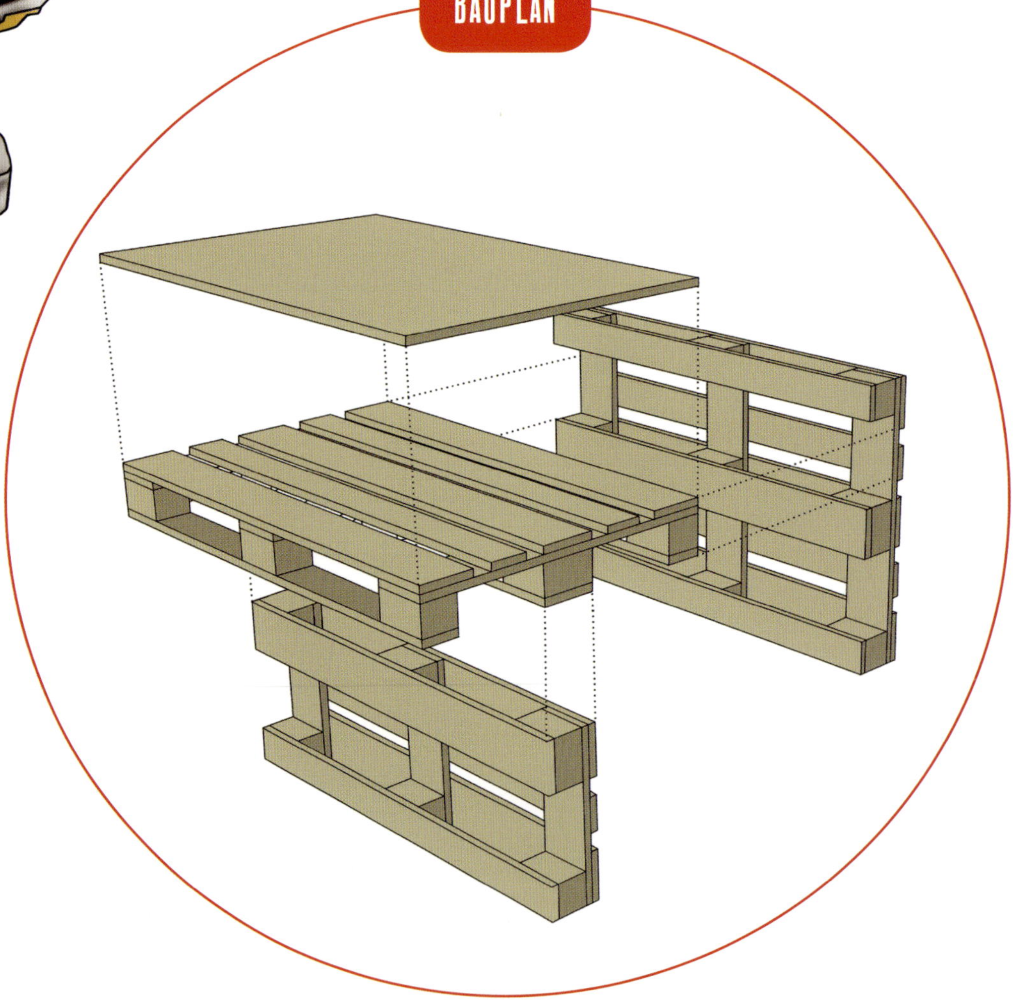

Damit sich Filzstiftstriche und Kleber leicht entfernen lassen, wählen Sie eine beschichtete Holzplatte, die in allen Baumärkten erhältlich ist.

AUSARBEITUNG

Für dieses Möbel haben wir die farbige Gestaltungsvariante gewählt. Tragen Sie zunächst vor dem Schleifen eine erste Schicht weiße Farbe und nach dem Schleifen die eigentliche Farbe auf.

Tipp: Wenn Sie über die Farbe einen Schutzlack auftragen, erhöhen Sie die Haltbarkeit der Farbe. Verwenden Sie hierfür einen Schleifer, Schleifpapier mit 120er Körnung, weiße Farbe, Farbe Ihrer Wahl und eine Dose Klarlack (oder eine Lackspraydose).

SCHRITT-FÜR-SCHRITT

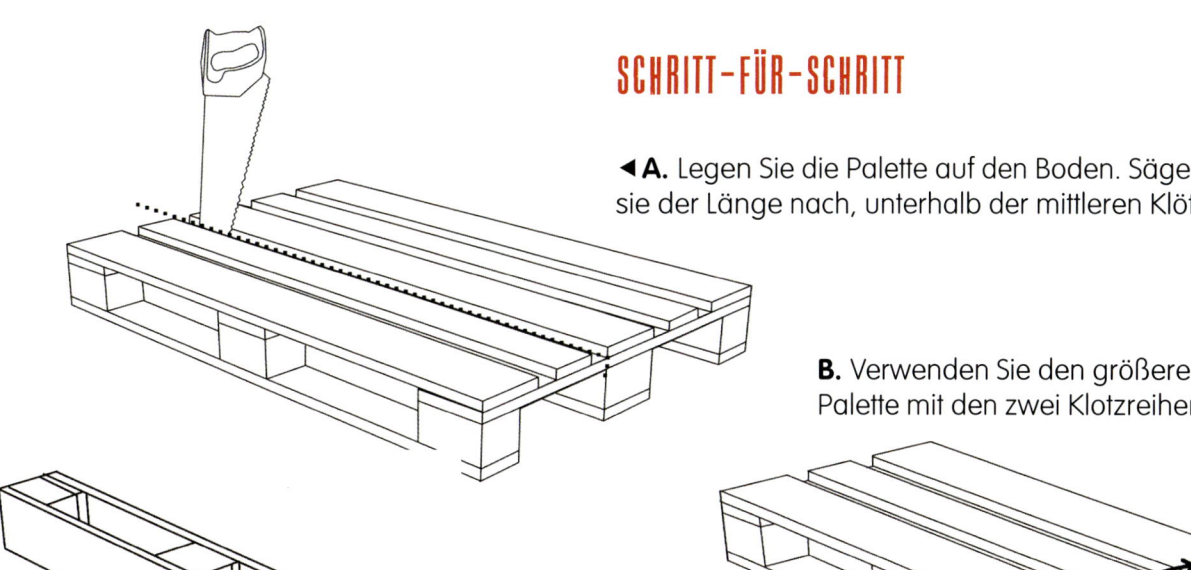

◄ **A.** Legen Sie die Palette auf den Boden. Sägen Sie sie der Länge nach, unterhalb der mittleren Klötze, durch.

B. Verwenden Sie den größeren Teil der Palette mit den zwei Klotzreihen. ▼

C. Stellen Sie die Palette auf. ▶

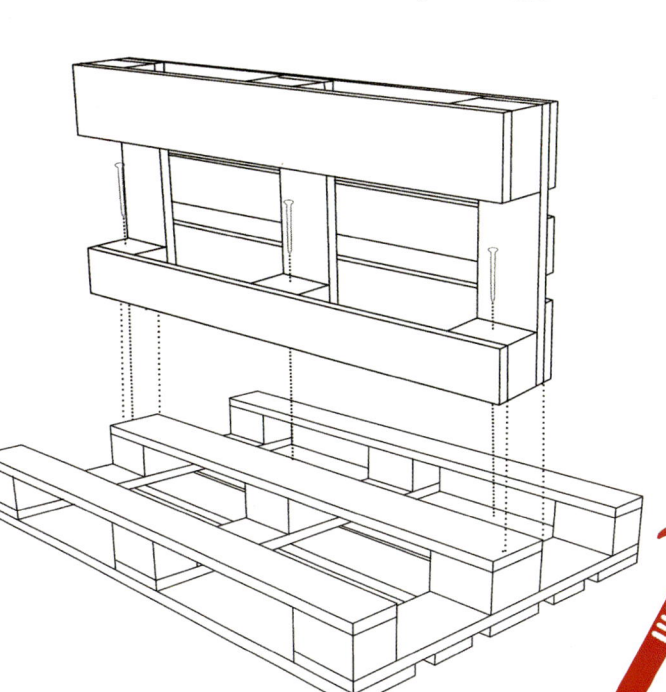

D. Legen Sie die zweite Palette mit der Deckplatte nach unten auf den Boden. Setzen Sie die zuvor gesägte Palette senkrecht auf die mittlere Klotzreihe der umgedrehten Palette. Bringen Sie die Schrauben seitlich durch die Klötze der oberen in die Querbretter der unteren Palette an. Verwenden Sie die 3 Schrauben, 160 mm. ▶

KINDERSCHREIBTISCH

E. Drehen Sie die beiden zusammengeschraubten Paletten um. Nehmen Sie die dritte Palette und richten ihre Unterseite auf die beiden zusammengebauten Paletten aus. Setzen Sie die Palette, welche die Arbeitsplatte bildet, auf die Reihe der mittleren Klötze der dritten Palette. Schrauben Sie die dritte Palette von hinten an die waagrechte Palette. ▶

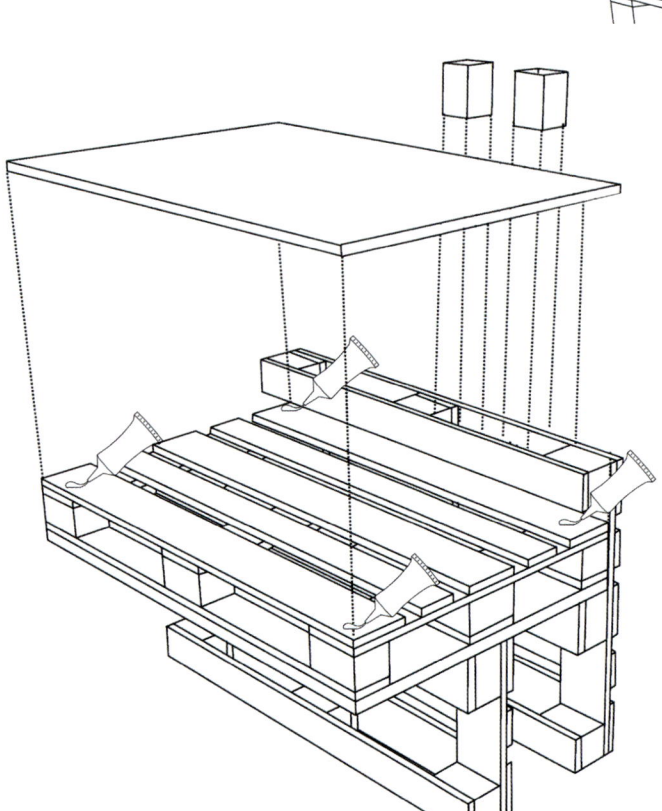

◀ F. Befestigen Sie die beschichtete Arbeitsplatte mit Kleber auf dem Schreibtisch. Möchten Sie die Platte streichen, sollten Sie dies vor dem Zusammenbauen tun.

KÜCHENREGAL

KÜCHENREGAL

MATERIAL

▶ 1 Palette
▶ 7 Gläserhalter
▶ 14 Schrauben, 55 mm

x 1

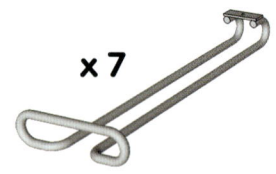

x 7

x 14

WERKZEUG

Akkuschrauber
Hand- oder
Kreissäge

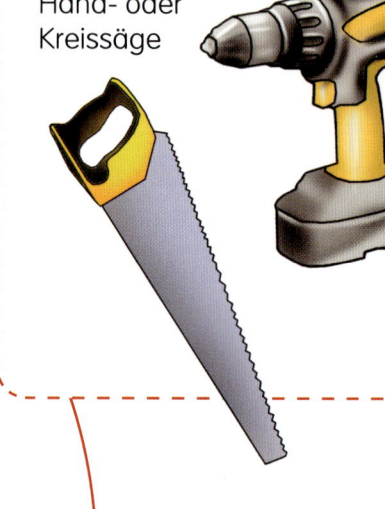

BAUPLAN

AUSARBEITUNG

Für dieses Möbel haben wir die
farbige Gestaltungsvariante gewählt.
Tragen Sie zunächst vor dem Schleifen
eine erste Schicht weiße Farbe und nach
dem Schleifen die eigentliche Farbe auf.

Tipp: Wenn Sie über die Farbe einen Schutzlack auftragen,
erhöhen Sie die Haltbarkeit der Farbe.
Verwenden Sie hierfür einen Schleifer, Schleifpapier mit
120er Körnung, weiße Farbe, Farbe Ihrer Wahl und eine
Dose Klarlack (oder eine Lackspraydose).

An diesem Regal wurden Gläserhalter angebracht. Nach demselben Prinzip können Sie auch Haken zum Aufhängen von Geschirrtüchern oder Tassen befestigen ... Oder am besten bauen Sie zwei Regale, um sie an der Wand aufzureihen! Durch die geringe Regaltiefe stört das Regal auch in kleinen Küchen nicht und bietet doch viel Stauraum.

SCHRITT-FÜR-SCHRITT

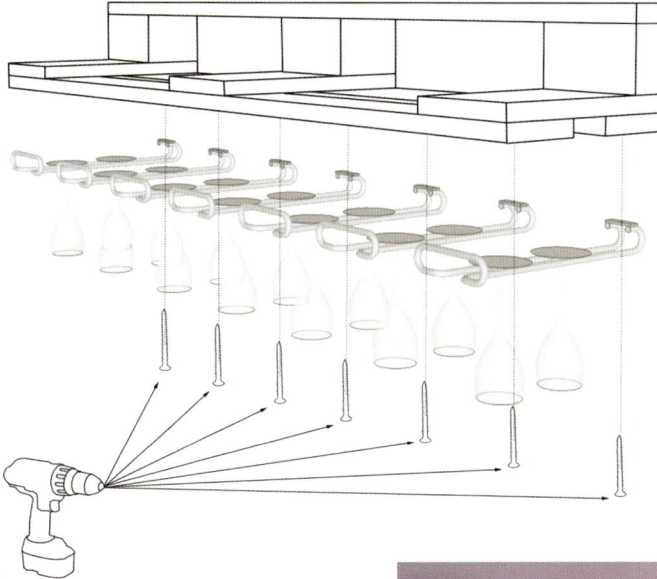

▲**A.** Legen Sie die erste Palette auf den Boden und sägen Sie sie der Länge nach auf Höhe des zweiten Deckbretts durch. Verwenden Sie das Teil mit nur noch einer Klotzreihe. Drehen Sie die Palette, sodass die beiden Deckbretter sich nun an der Regalunterseite befinden und den Regalboden bilden.

▲**B.** Schrauben Sie anschließend die Gläserhalter unter die Regalbretter und befestigen Sie das Regal an der Wand.

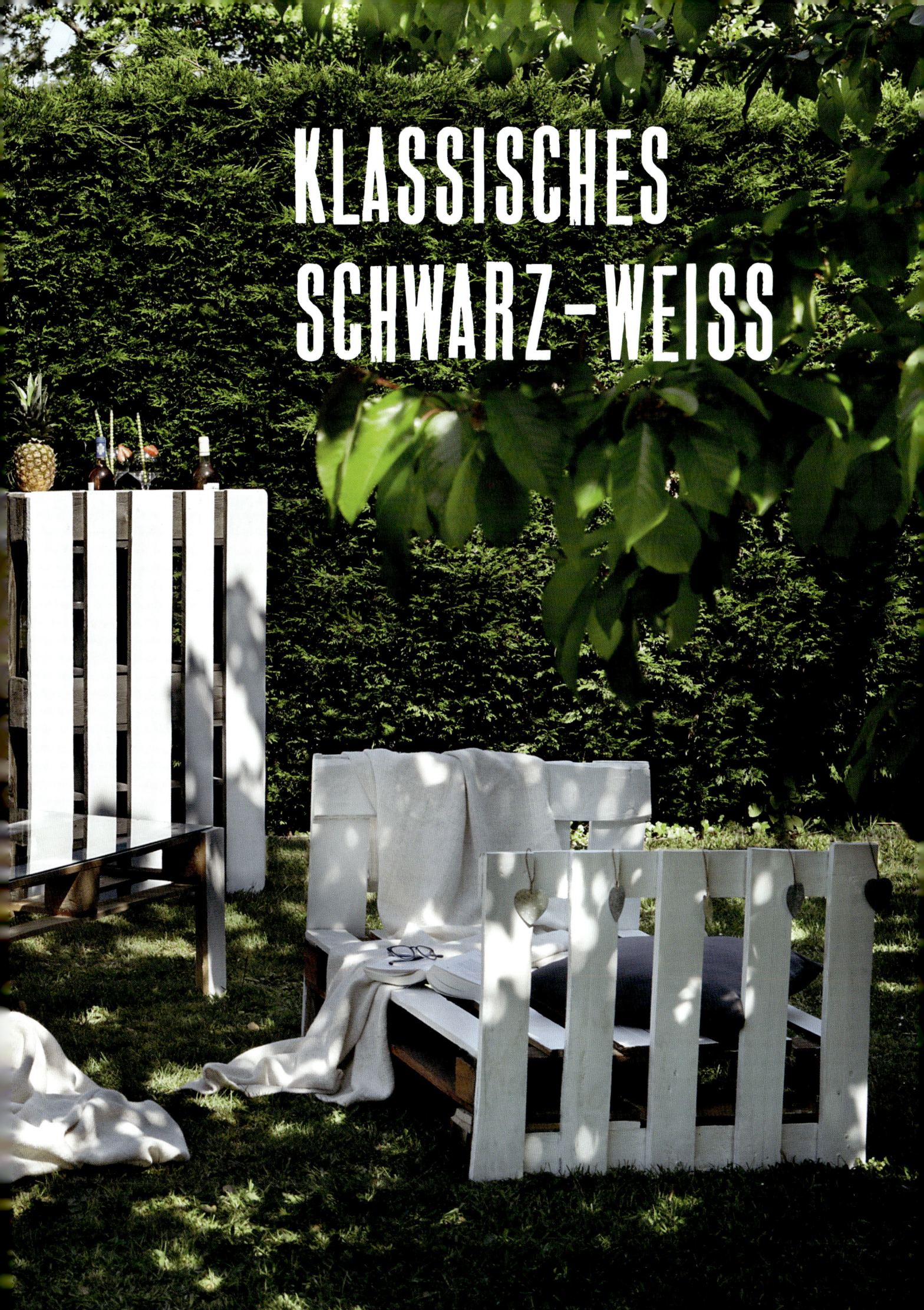

KLASSISCHES
SCHWARZ-WEISS

KLEINE BAR

Schwierigkeitsgrad

BAUPLAN

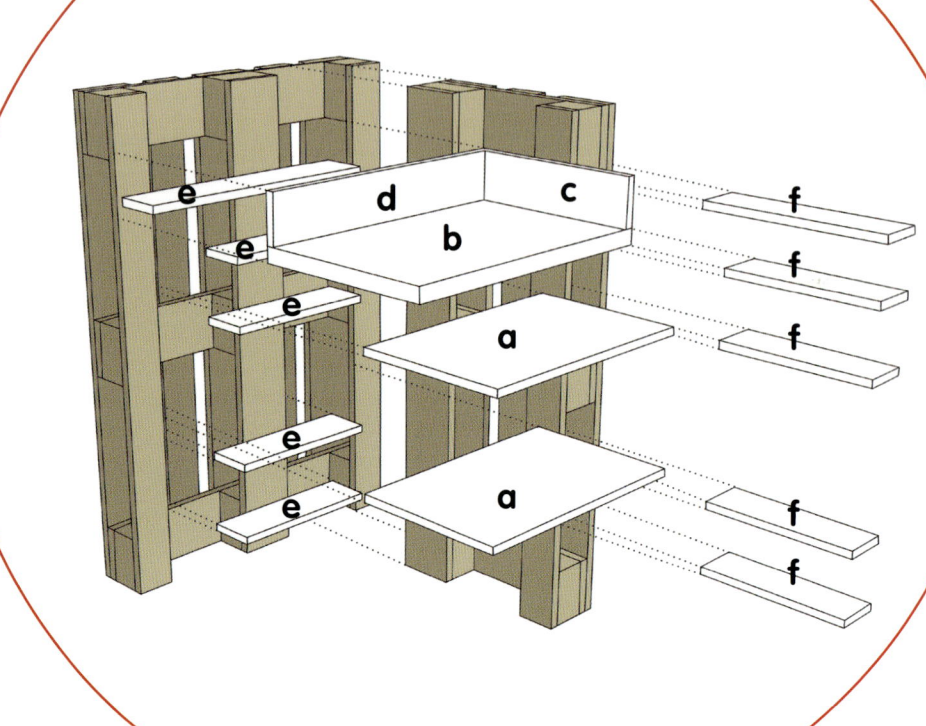

MATERIAL

- ▶ 2 Paletten
- ▶ Holzbretter oder Spanplatte für die Regalböden und die Arbeitsplatte
- ▶ **a:** Großer Fachboden
- ▶ **b:** Arbeitsplatte
- ▶ **c** und **d:** Bretter für den Rand der Arbeitsplatte
- ▶ **e** und **f:** Kleine Bretter für die Flaschenfächer in der Breite der Palette
- ▶ 30 Schrauben, 55 mm
- ▶ 10 Befestigungswinkel
- ▶ Holzleim

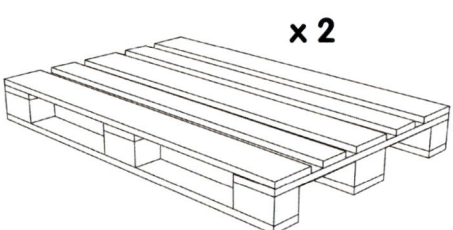

× 2

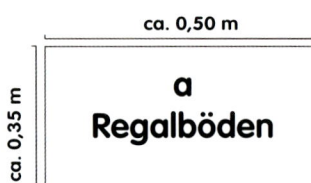

ca. 0,50 m

a
Regalböden

ca. 0,35 m

18 mm stark

× 2

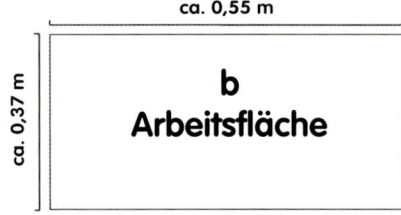

ca. 0,55 m

b
Arbeitsfläche

ca. 0,37 m

18 mm stark

× 1

ca. 0,55 m

ca. 0,10 m

Rand Arbeitsfläche

c

18 mm stark

× 1

ca. 0,37 m

ca. 0,10 m

Rand Arbeitsfläche

d

18 mm stark

× 1

ca. 0,55 m

ca. 0,10 m

seitliche Regalböden

e

18 mm stark

× 5

ca. 0,50 m

ca. 0,10 m

seitliche Regalböden

f

18 mm stark

× 5

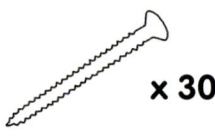

× 30

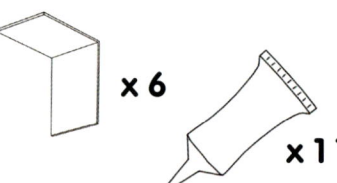

× 6

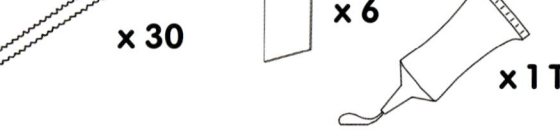

× 1 Tube

Achten Sie beim Anfertigen der Möbel auf die Größe der Paletten. Wie bei allen Modellen, in denen Spanplatten verwendet werden, sind die Maße dieser kleinen Bar nur als Anhaltspunkt angegeben und müssen noch einmal an der Palette nachgemessen werden.

WERKZEUG
Akkuschrauber
Hand- oder
Kreissäge

AUSARBEITUNG

Für dieses Möbel haben wir die Gestaltungsvariante schwarz-weiß gewählt. Tragen Sie vor dem Schleifen zunächst eine erste Schicht weiße Farbe und nach dem Schleifen die eigentliche Farbe auf. Tragen Sie die Farbe satt auf, da das Palettenholz sehr viel Farbe aufnimmt.

Tipp: Wenn Sie über die Farbe einen Schutzlack auftragen, erhöhen Sie die Haltbarkeit der Farbe. Verwenden Sie hierfür einen Schleifer, Schleifpapier mit 120er Körnung, weiße Farbe, Farbe Ihrer Wahl und eine Dose Klarlack (oder eine Lackspraydose).
Die Arbeitsplatte und die Regale sollten vor dem Zusammenbauen gestrichen werden.
Wenn Sie für die Arbeitsplatte, wie in unserem Beispiel, eine dunkle Farbe wählen, verwenden Sie schwarze Schrauben, die nach dem Zusammenbauen nicht mehr zu sehen sind. Falls das nicht geklappt hat, kitten Sie die Schraubenköpfe und überstreichen Sie die Arbeitsplatte noch einmal.

SCHRITT-FÜR-SCHRITT

A. Legen Sie die Palette auf den Boden. Sägen Sie sie der Länge nach, entlang der mittleren Klotzreihe durch. ▼

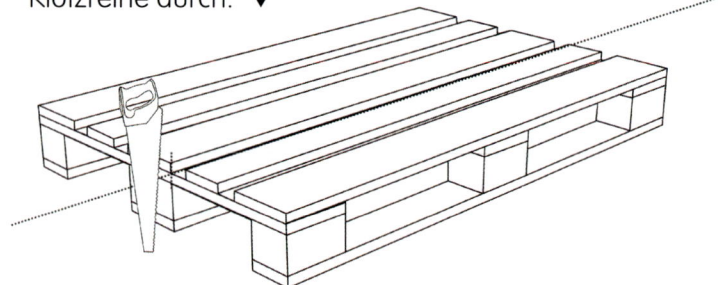

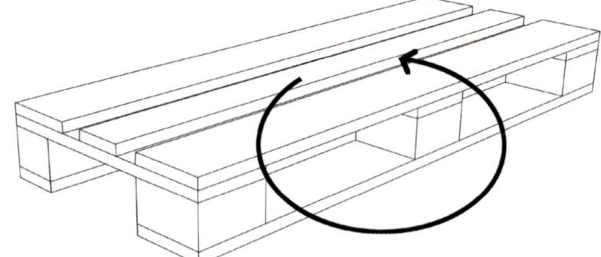

▲**B.** Verwenden Sie den Teil der Palette mit den beiden Klotzreihen. Stellen Sie sie aufrecht.

C. Stellen Sie die zweite vollständige Palette senkrecht zur zersägten Palette. Schieben Sie die zurechtgesägte Palette hinter die erste Klotzreihe der vollständigen Palette. ▶

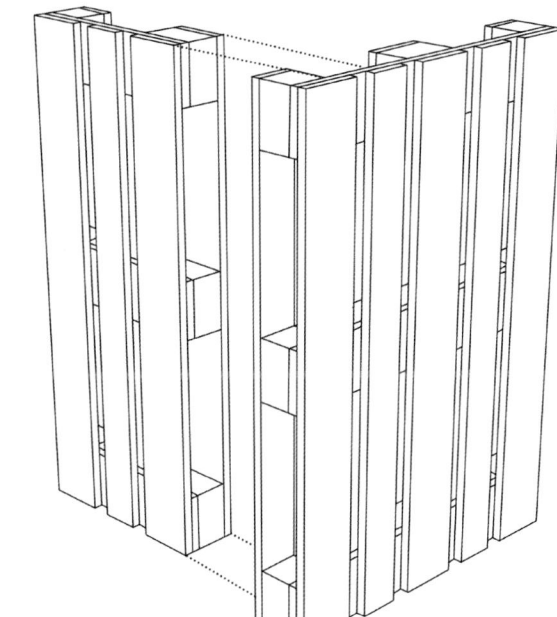

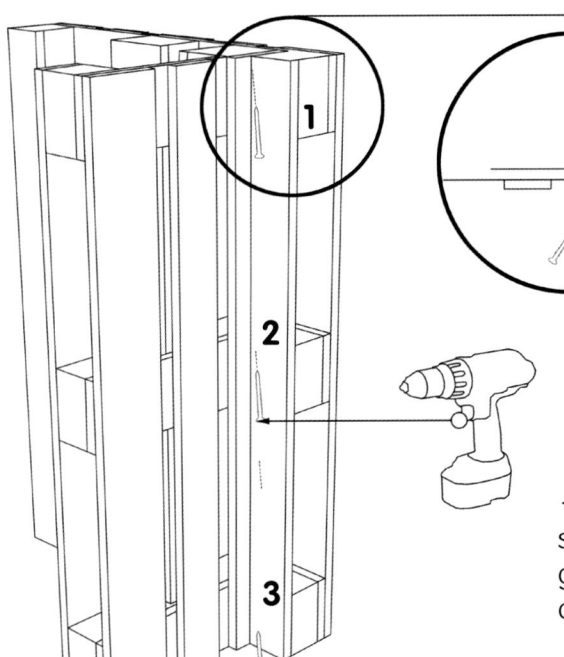

◀**D.** Bringen Sie die Schrauben diagonal an, sodass sie durch die Klötze beider Paletten gehen. Führen Sie diesen Vorgang an allen drei übereinanderliegenden Klötzen durch.

E. Wenn Sie die beiden Paletten zusammengeschraubt haben, befestigen Sie die Arbeitsplatte mithilfe von Befestigungswinkeln an den Paletten. Vergessen Sie nicht, die Arbeitsplatte vorab zu streichen. ▶

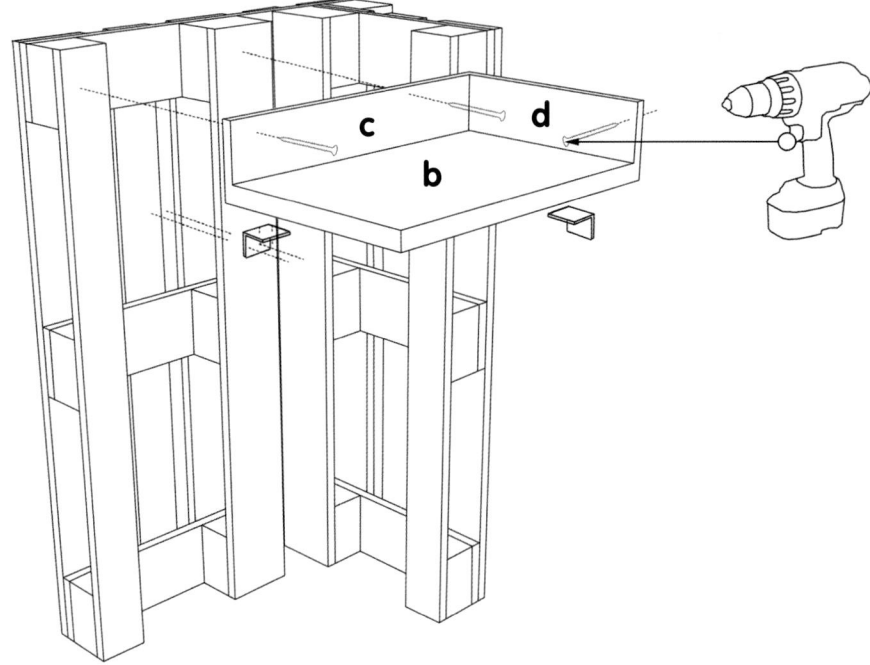

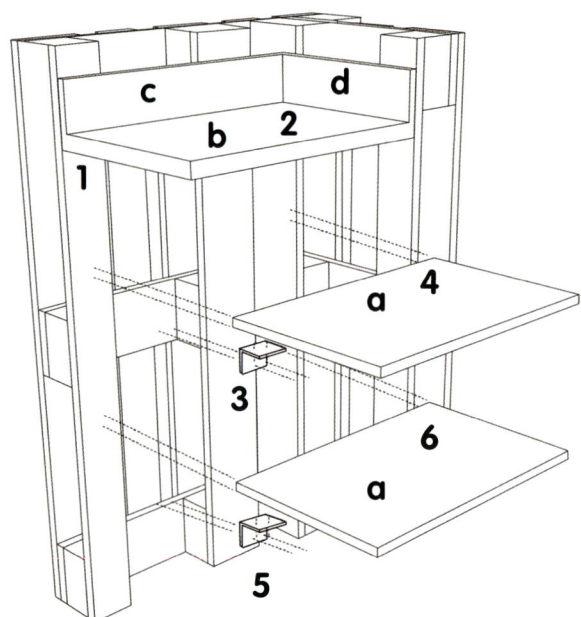

▲F. Bringen Sie anschließend die großen Regalböden ebenfalls mit Befestigungswinkeln an. Auch die Regalböden müssen vor dem Einbau gestrichen werden.

▼G. Befestigen Sie die kleinen Regalböden für die Flaschenfächer auf den Klötzen. Leimen Sie die Bretter auf die Klötze oder schrauben Sie sie an den Deck- und Bodenbrettern der Paletten fest. Auch diese Bretter sollten vor dem Einbau gestrichen werden.

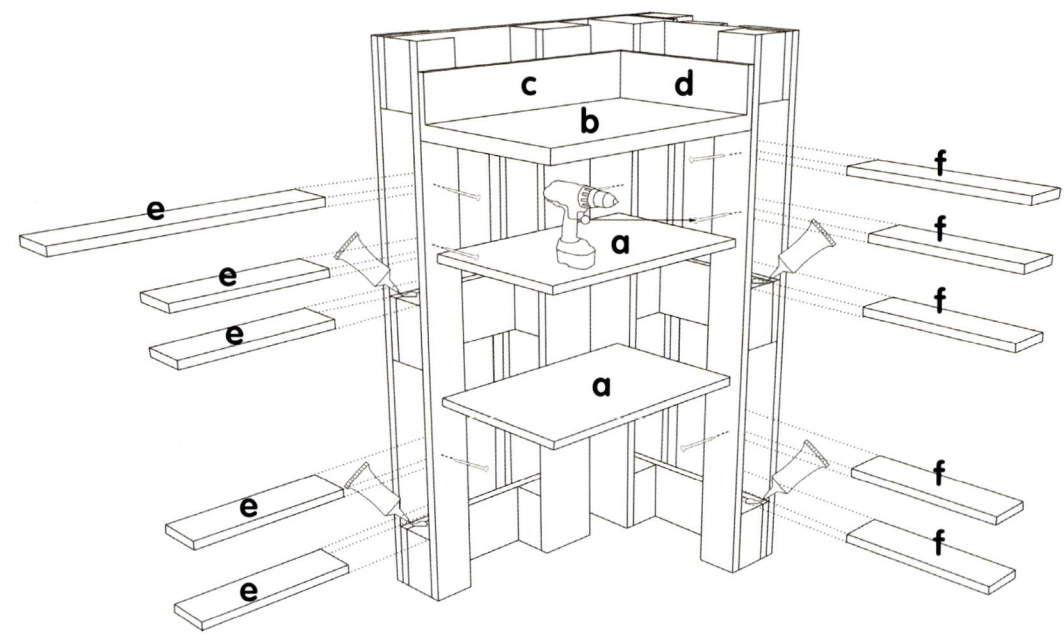

GARTENSESSEL

Schwierigkeitsgrad

WERKZEUG

Akkuschrauber

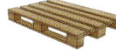

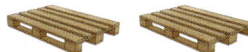

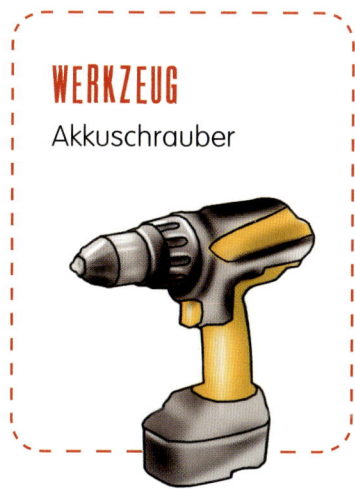

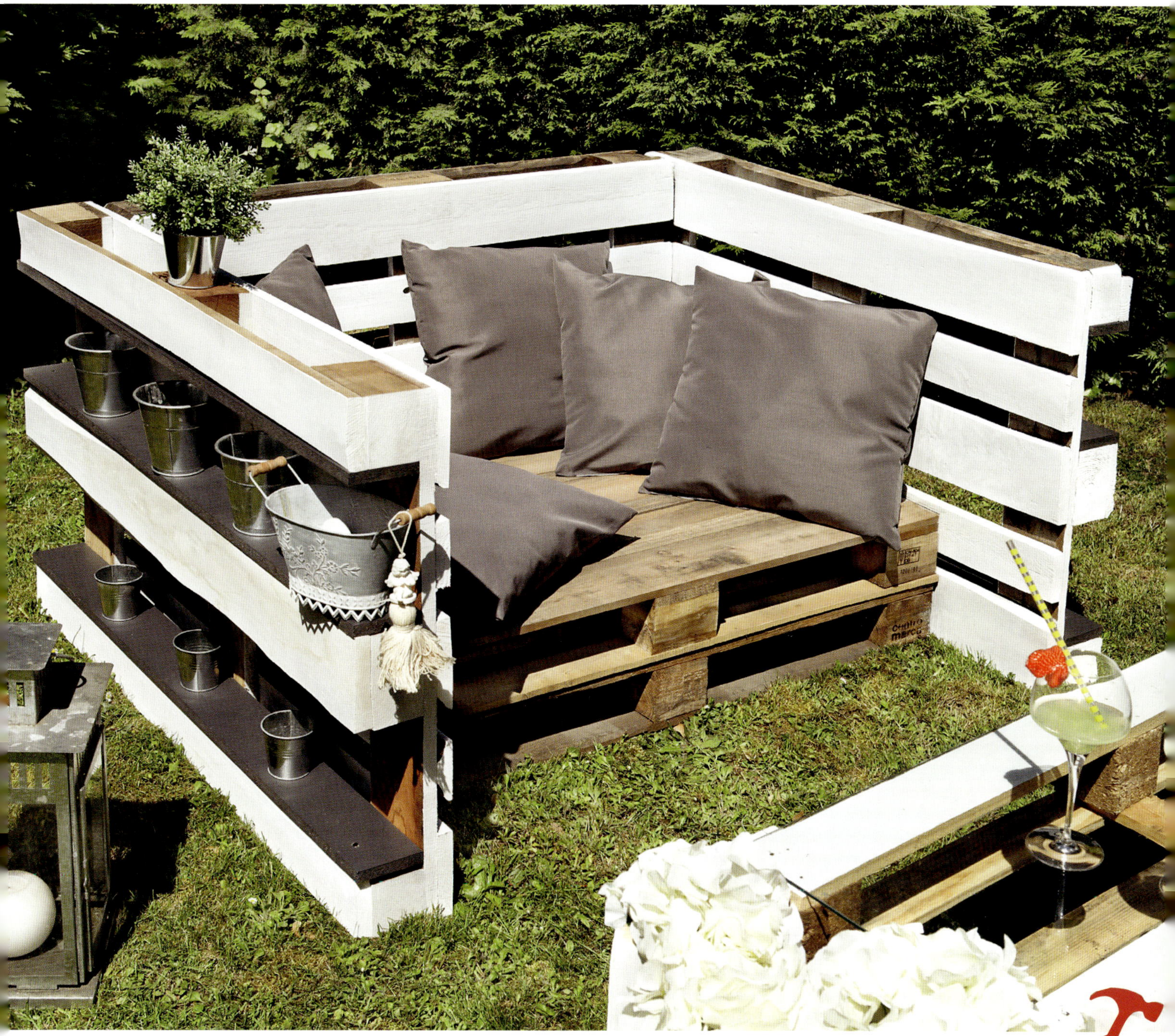

GARTENSESSEL

MATERIAL

- ▶ 5 Paletten
- ▶ 7 Bretter für die Regale an den Sesselaußenseiten
- ▶ 20 Schrauben, 55 mm

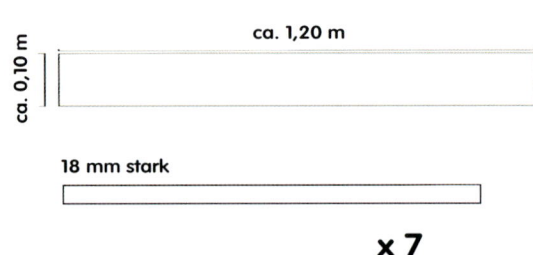

ca. 0,10 m — ca. 1,20 m

18 mm stark

× 7

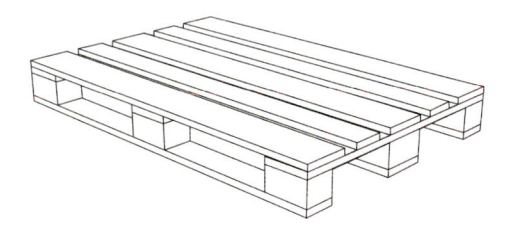

× 5

× 20

BAUPLAN

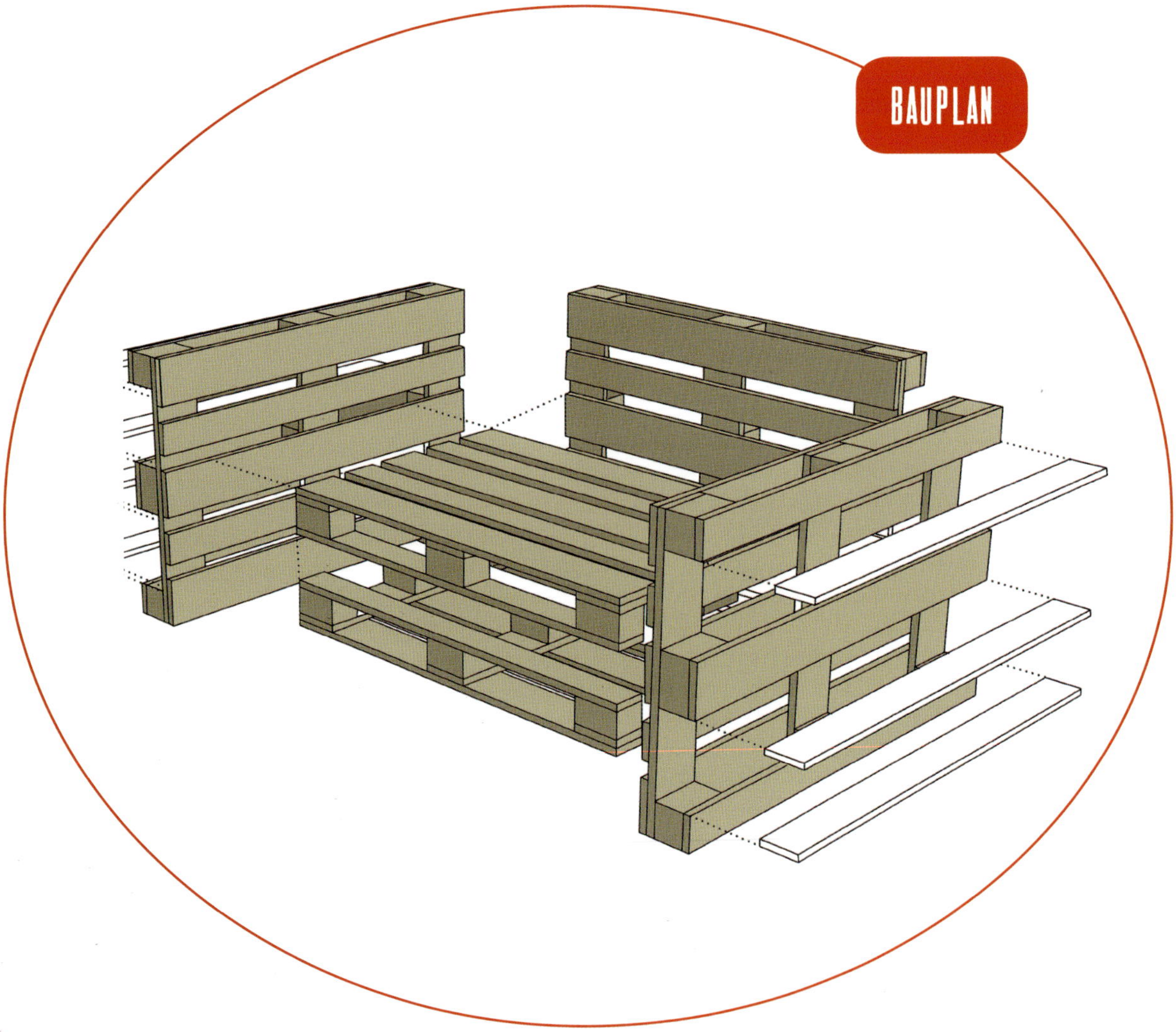

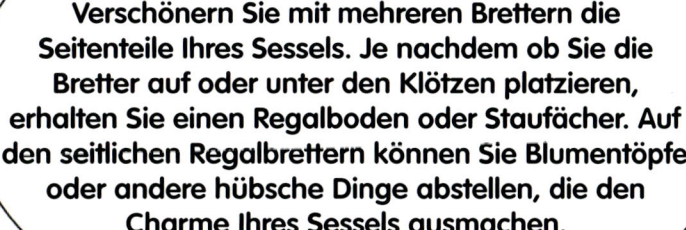

Verschönern Sie mit mehreren Brettern die Seitenteile Ihres Sessels. Je nachdem ob Sie die Bretter auf oder unter den Klötzen platzieren, erhalten Sie einen Regalboden oder Staufächer. Auf den seitlichen Regalbrettern können Sie Blumentöpfe oder andere hübsche Dinge abstellen, die den Charme Ihres Sessels ausmachen.

AUSARBEITUNG

Für dieses Möbel haben wir die Gestaltungsvariante schwarz-weiß gewählt. Tragen Sie vor dem Schleifen zunächst eine erste Schicht weiße Farbe und nach dem Schleifen die eigentliche Farbe auf. Tragen Sie die Farbe satt auf, da das Palettenholz sehr viel Farbe aufnimmt.

Tipp: Wenn Sie über die Farbe einen Schutzlack auftragen, erhöhen Sie die Haltbarkeit der Farbe. Verwenden Sie hierfür einen Schleifer, Schleifpapier mit 120er Körnung, weiße Farbe, Farbe Ihrer Wahl und eine Dose Klarlack (oder eine Lackspraydose).
Die Regale sollten vor dem Zusammenbauen gestrichen werden.

SCHRITT-FÜR-SCHRITT

A. Legen Sie die ersten beiden Paletten Bodenbrett an Bodenbrett aufeinander. Befestigen Sie sie mit diagonal angebrachten Schrauben jeweils durch beide Klötze. ▶

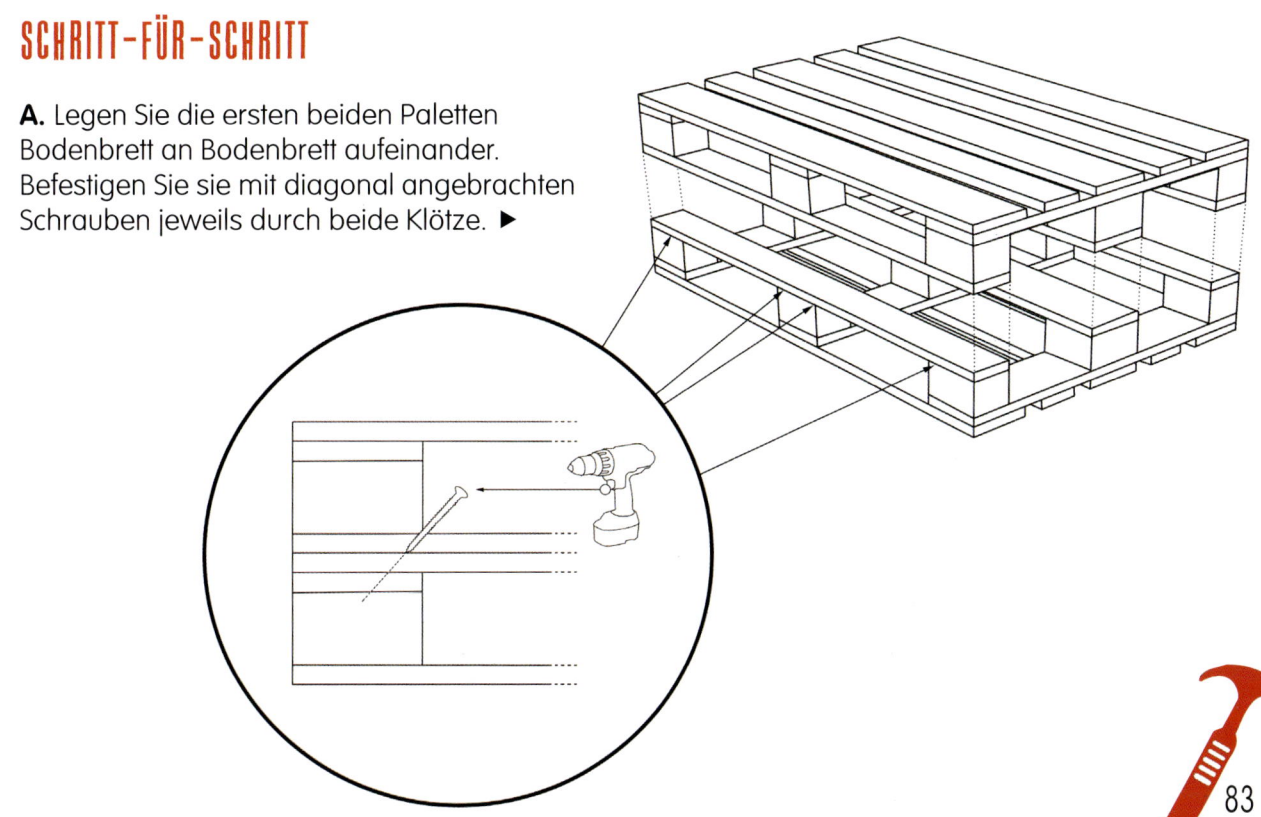

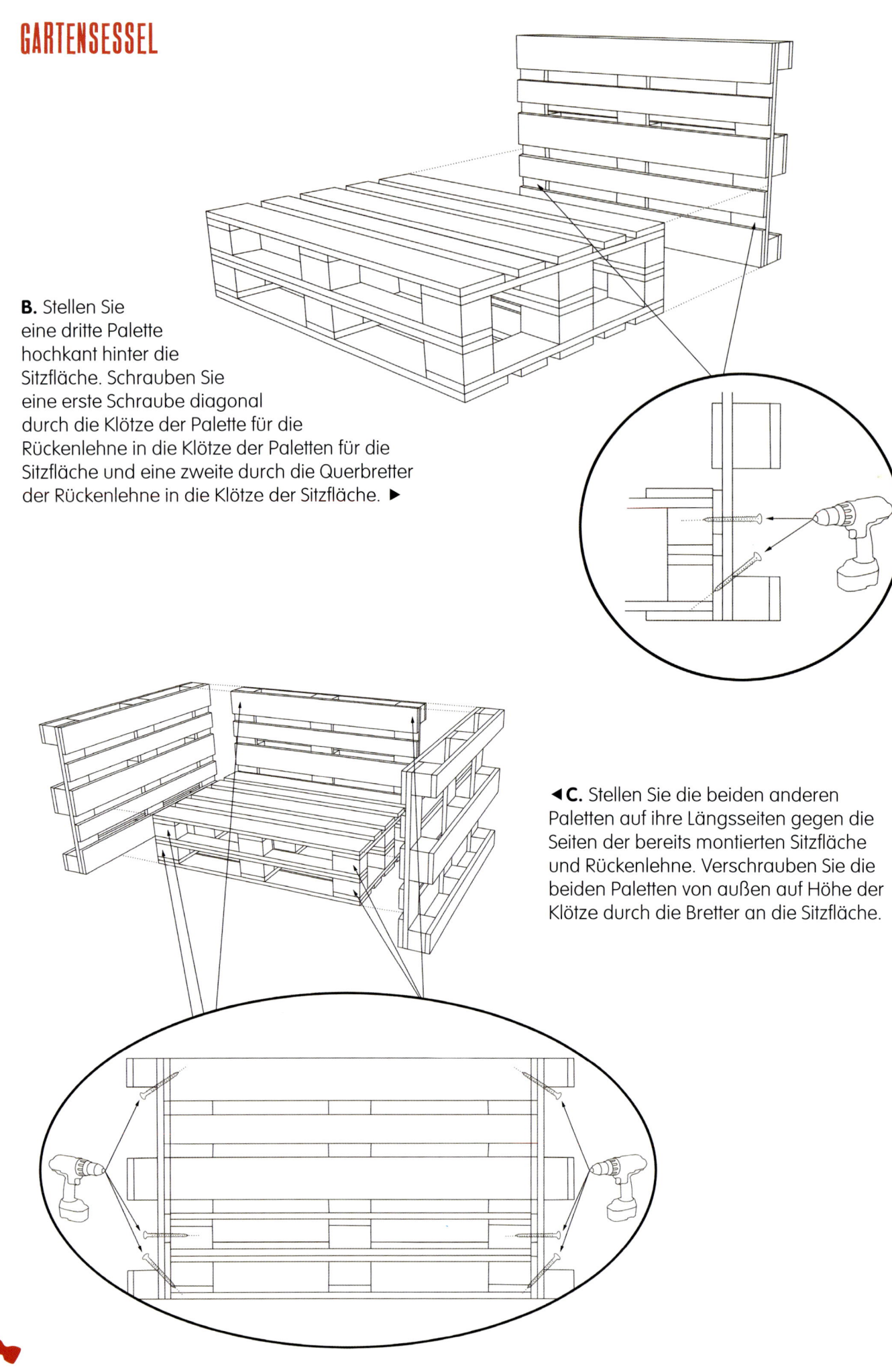

B. Stellen Sie
eine dritte Palette
hochkant hinter die
Sitzfläche. Schrauben Sie
eine erste Schraube diagonal
durch die Klötze der Palette für die
Rückenlehne in die Klötze der Paletten für die
Sitzfläche und eine zweite durch die Querbretter
der Rückenlehne in die Klötze der Sitzfläche. ▶

◀**C.** Stellen Sie die beiden anderen
Paletten auf ihre Längsseiten gegen die
Seiten der bereits montierten Sitzfläche
und Rückenlehne. Verschrauben Sie die
beiden Paletten von außen auf Höhe der
Klötze durch die Bretter an die Sitzfläche.

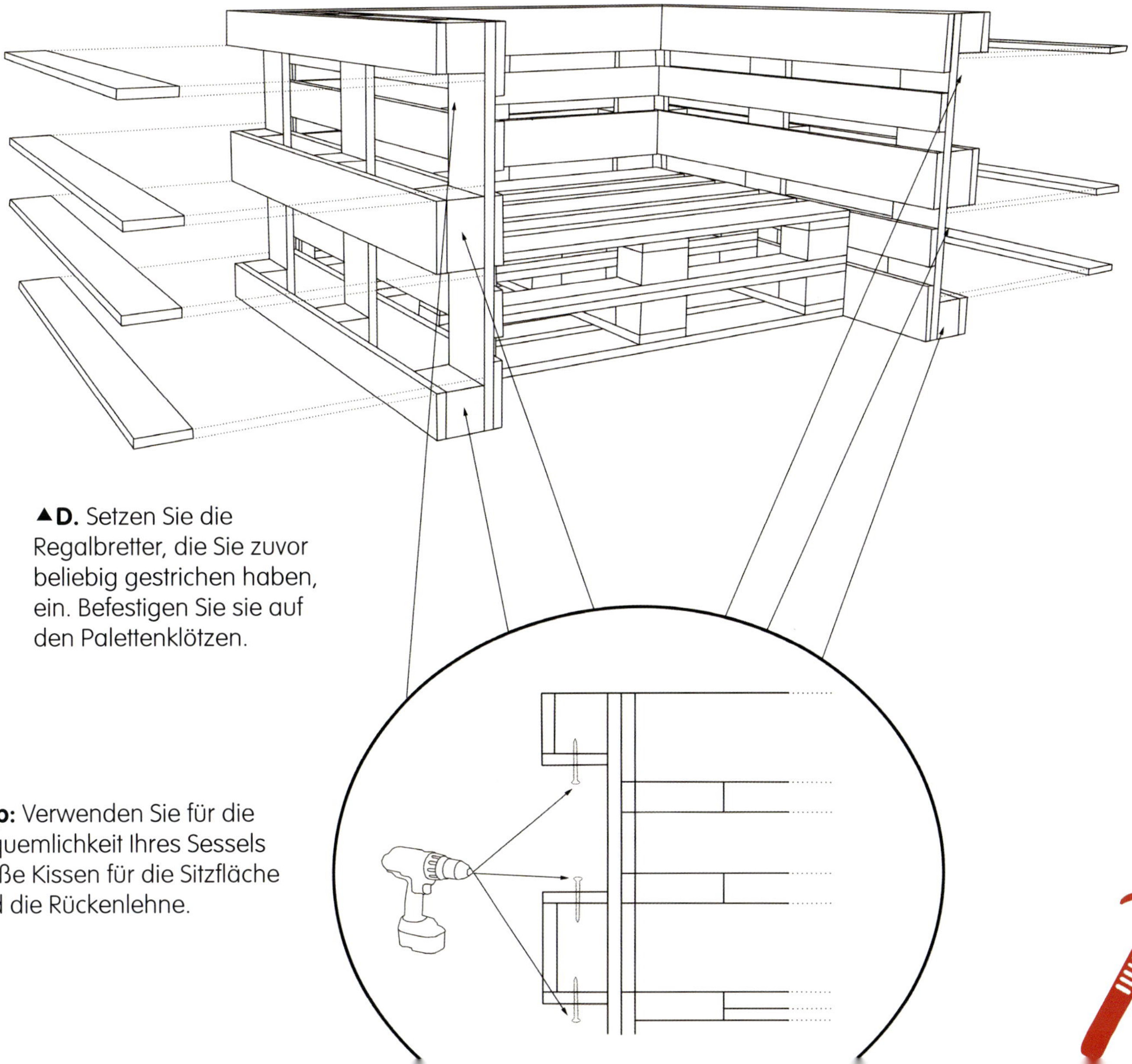

▲D. Setzen Sie die Regalbretter, die Sie zuvor beliebig gestrichen haben, ein. Befestigen Sie sie auf den Palettenklötzen.

Tipp: Verwenden Sie für die Bequemlichkeit Ihres Sessels große Kissen für die Sitzfläche und die Rückenlehne.

GARTENBANK

MATERIAL

▶ 3 Paletten
▶ 8 Schrauben, 55 mm

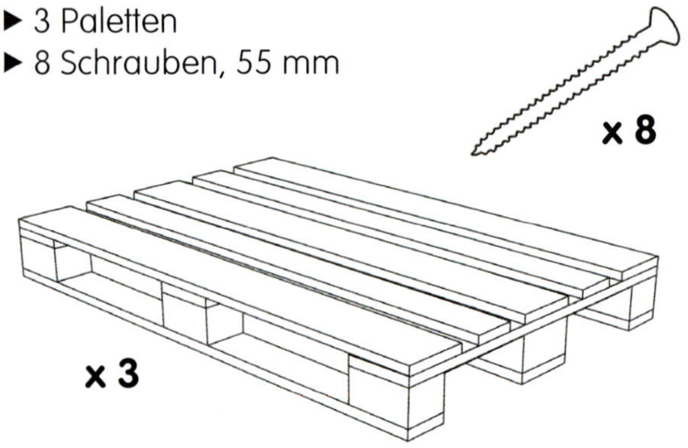

× 8

× 3

WERKZEUG

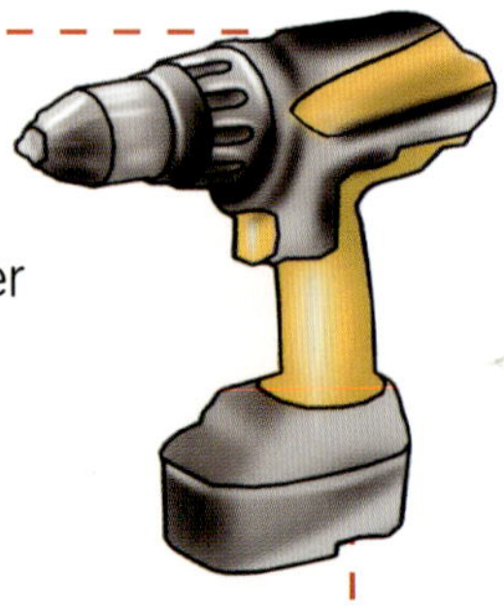

Akkuschrauber
Hand- oder
Kreissäge
Hammer
Meißel

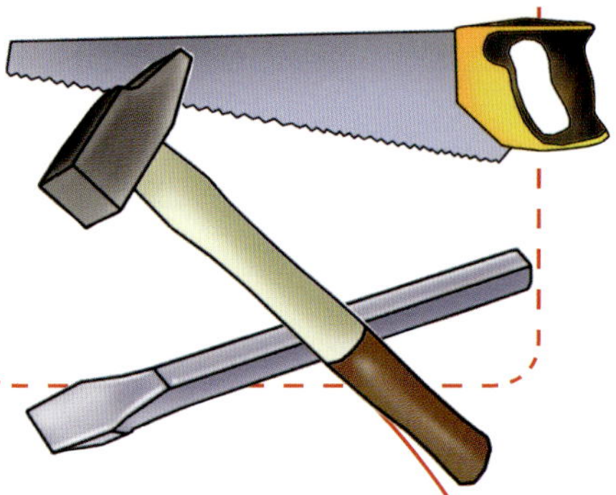

BAUPLAN

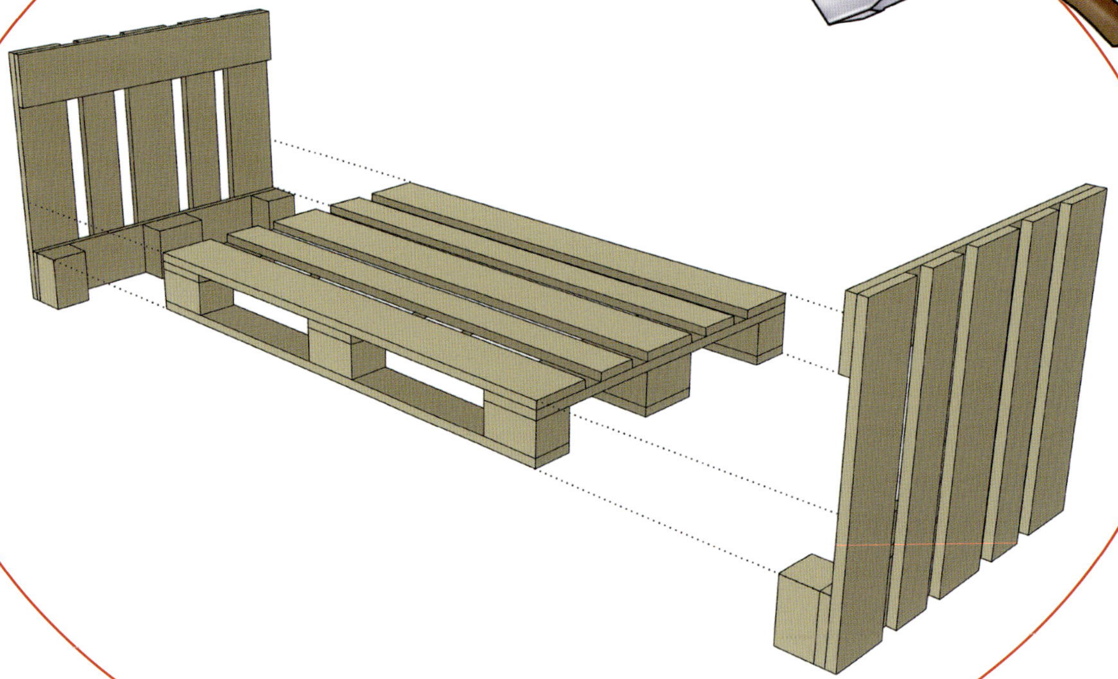

Der letzte Schritt beim Bau
der Gartenbank besteht daraus, die
Palettenklötze am oberen Rand der beiden
Paletten zu entfernen. Sie können die Klötze
mit einer Metallsäge absägen, aber denken
Sie vor allem daran, überstehende Nägel
zu entfernen oder tief in das Holz
zu schlagen.

AUSARBEITUNG

Für dieses Möbel haben wir die Gestaltungsvariante schwarz-weiß gewählt.
Tragen Sie vor dem Schleifen zunächst eine erste Schicht weiße Farbe und nach
dem Schleifen die eigentliche Farbe auf. Tragen Sie die Farbe satt auf, da das
Palettenholz sehr viel Farbe aufnimmt.

Tipp: Wenn Sie über die Farbe einen Schutzlack auftragen, erhöhen Sie die
Haltbarkeit der Farbe.
Verwenden Sie hierfür einen Schleifer, Schleifpapier mit 120er Körnung, weiße
Farbe, Farbe Ihrer Wahl und eine Dose Klarlack (oder eine Lackspraydose).

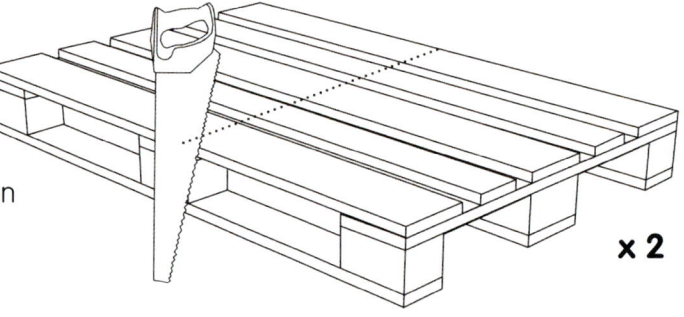

SCHRITT-FÜR-SCHRITT

A. Legen Sie die Palette auf den Boden. Kürzen Sie diese quer, nach den mittleren Palettenklötzen. Verfahren Sie mit einer weiteren Palette ebenso. ▶

× 2

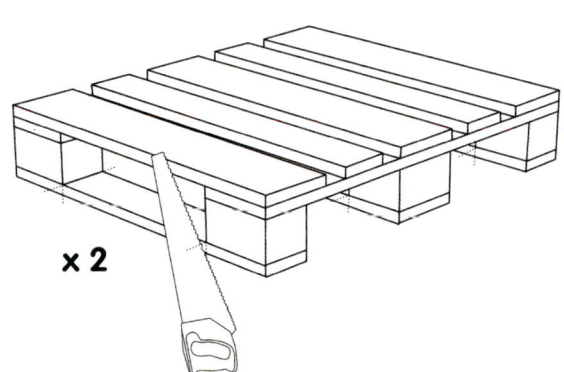

× 2

◀**B.** Verwenden Sie den größeren Teil der Palette mit den zwei Klotzreihen. Entfernen Sie die Bodenbretter zwischen den Klötzen. Verfahren Sie ebenso mit einer weiteren Palette, die Sie für den Bau dieses Möbels benötigen.

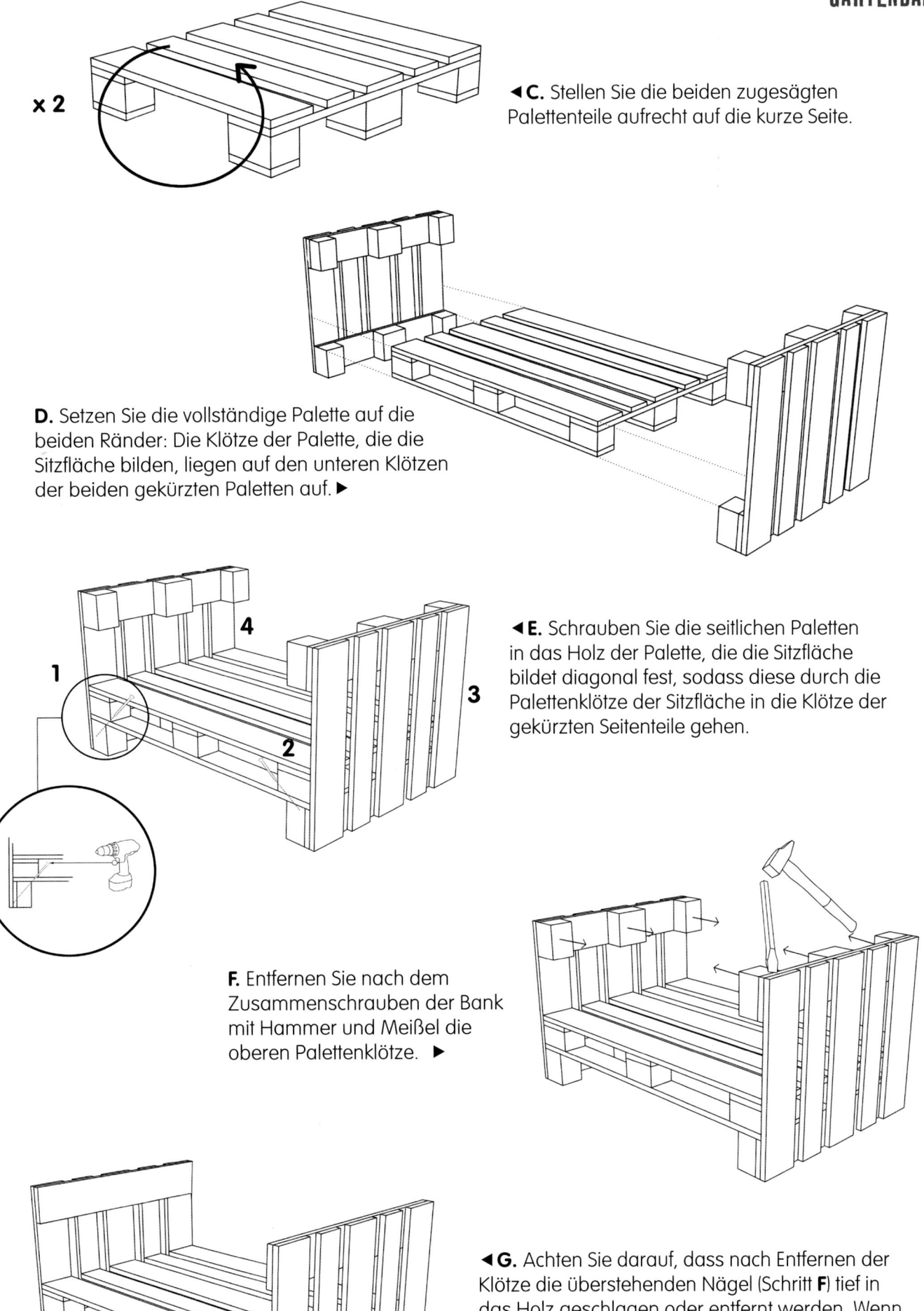

× 2

◀ **C.** Stellen Sie die beiden zugesägten Palettenteile aufrecht auf die kurze Seite.

D. Setzen Sie die vollständige Palette auf die beiden Ränder: Die Klötze der Palette, die die Sitzfläche bilden, liegen auf den unteren Klötzen der beiden gekürzten Paletten auf. ▶

◀ **E.** Schrauben Sie die seitlichen Paletten in das Holz der Palette, die die Sitzfläche bildet diagonal fest, sodass diese durch die Palettenklötze der Sitzfläche in die Klötze der gekürzten Seitenteile gehen.

F. Entfernen Sie nach dem Zusammenschrauben der Bank mit Hammer und Meißel die oberen Palettenklötze. ▶

◀ **G.** Achten Sie darauf, dass nach Entfernen der Klötze die überstehenden Nägel (Schritt **F**) tief in das Holz geschlagen oder entfernt werden. Wenn Sie diese Bank im Garten aufstellen möchten, lackieren Sie sie mit Klarlack, um sie gegen Witterungseinflüsse zu schützen.

COUCHTISCH MIT GLASPLATTE

BAUPLAN

optional

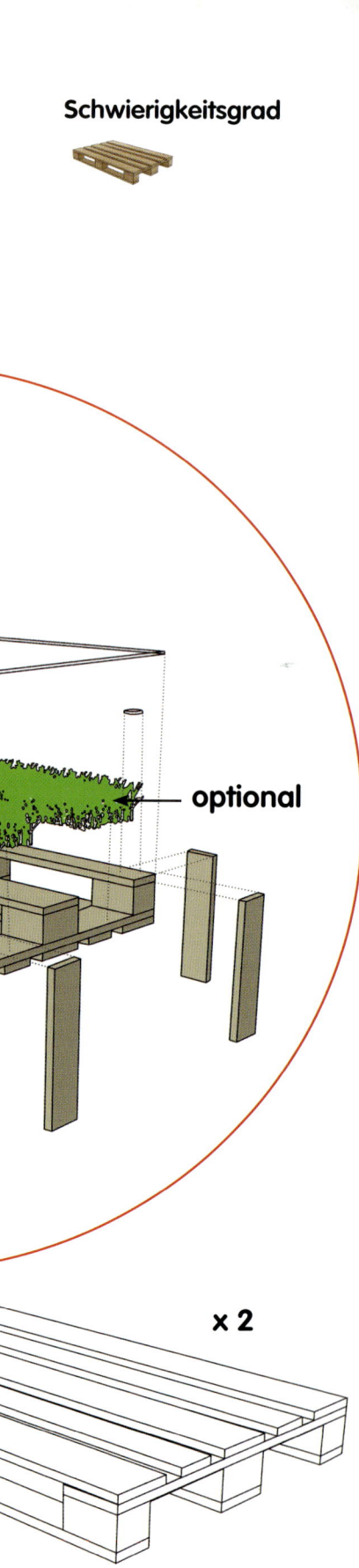

MATERIAL

- ▶ 2 Paletten
- ▶ 1 Glasplatte, 120 x 80 cm
- ▶ 4 Gummi- oder Filzunterlagen
- ▶ 1 Tube Kleber
- ▶ Blumentöpfe oder künstliche Bepflanzung
- ▶ 15 Schrauben, 55 mm

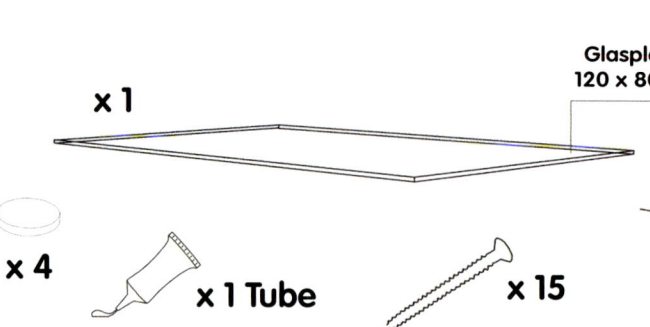

x 2

Glasplatte
120 x 80 cm

x 1

x 4

x 1 Tube

x 15

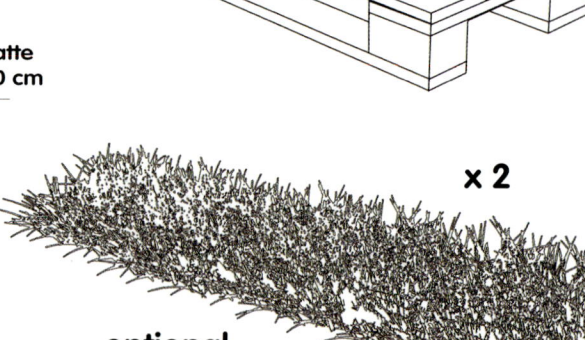

x 2

optional

Setzen Sie als witzigen Effekt zwischen das Holz und die Glasplatte ein paar Grünpflanzen im Topf. Sie können für den Innenraum auch künstliche Grünpflanzen verwenden und diese direkt auf das Holz kleben.
Tipp: Verwenden Sie Katzengras, das ist leicht zu pflegen.

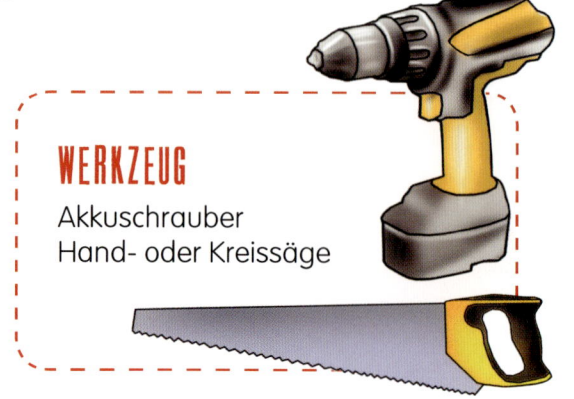

WERKZEUG

Akkuschrauber
Hand- oder Kreissäge

AUSARBEITUNG

Für dieses Möbel haben wir die Gestaltungsvariante schwarz-weiß gewählt. Tragen Sie vor dem Schleifen zunächst eine erste Schicht weiße Farbe und nach dem Schleifen die eigentliche Farbe auf. Tragen Sie die Farbe satt auf, da das Palettenholz sehr viel Farbe aufnimmt.

Tipp: Wenn Sie über die Farbe einen Schutzlack auftragen, erhöhen Sie die Haltbarkeit der Farbe. Verwenden Sie hierfür einen Schleifer, Schleifpapier mit 120er Körnung, weiße Farbe, Farbe Ihrer Wahl und eine Dose Klarlack (oder eine Lackspraydose).

SCHRITT-FÜR-SCHRITT

A. Sägen Sie aus der ersten Palette Brettstücke zwischen den Klotzreihen aus, um immer die selbe Brettlänge zu haben. Sie benötigen 8 Bretter mit identischen Maßen.

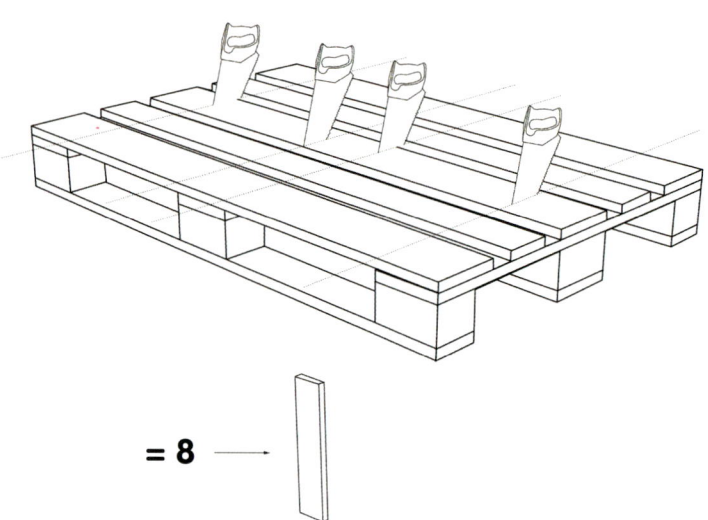

= 8 →

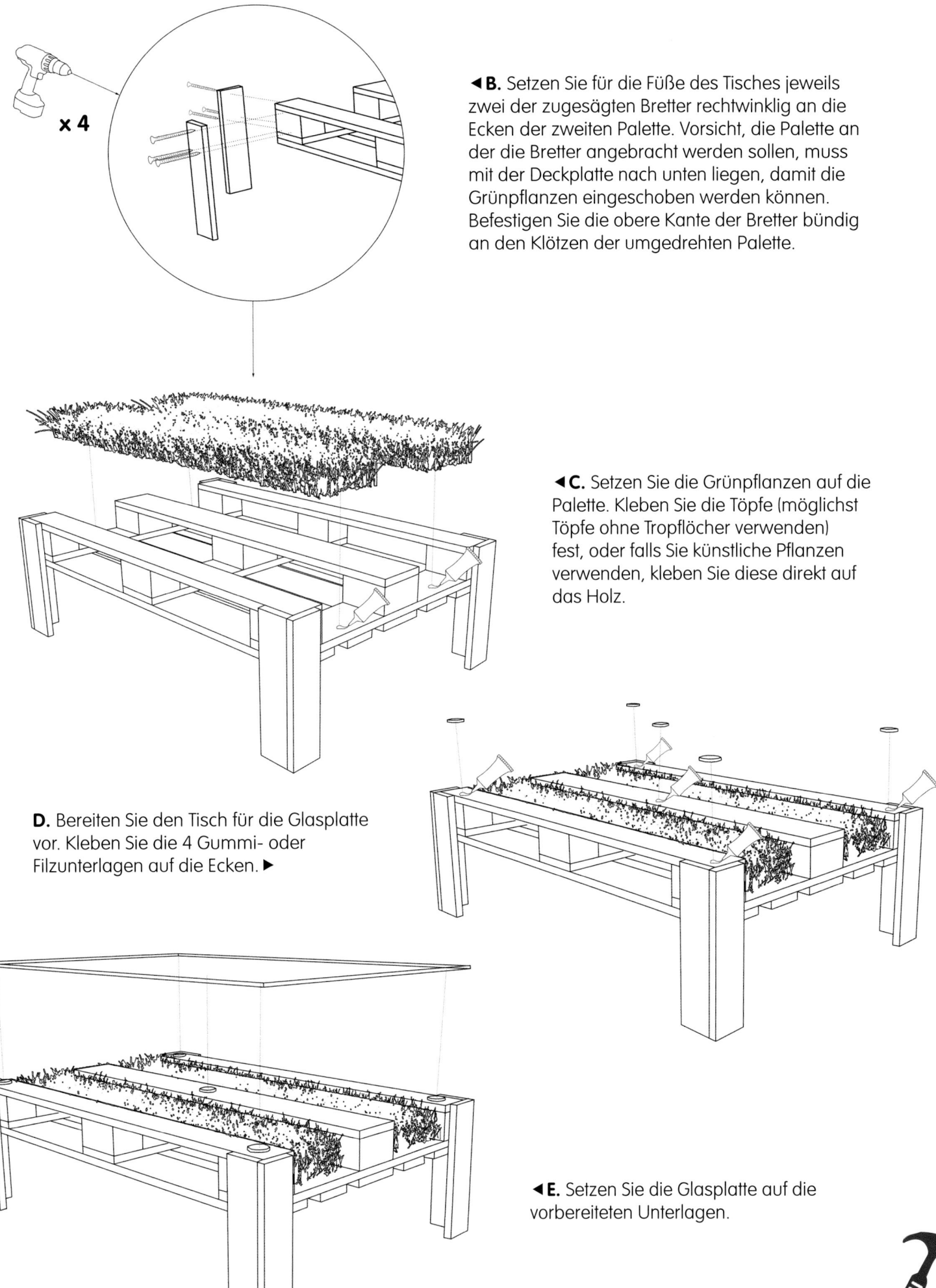

◄B. Setzen Sie für die Füße des Tisches jeweils zwei der zugesägten Bretter rechtwinklig an die Ecken der zweiten Palette. Vorsicht, die Palette an der die Bretter angebracht werden sollen, muss mit der Deckplatte nach unten liegen, damit die Grünpflanzen eingeschoben werden können. Befestigen Sie die obere Kante der Bretter bündig an den Klötzen der umgedrehten Palette.

◄C. Setzen Sie die Grünpflanzen auf die Palette. Kleben Sie die Töpfe (möglichst Töpfe ohne Tropflöcher verwenden) fest, oder falls Sie künstliche Pflanzen verwenden, kleben Sie diese direkt auf das Holz.

D. Bereiten Sie den Tisch für die Glasplatte vor. Kleben Sie die 4 Gummi- oder Filzunterlagen auf die Ecken. **►**

◄E. Setzen Sie die Glasplatte auf die vorbereiteten Unterlagen.

KLEINER BLUMENKASTEN

MATERIAL

- ▶ 1 Palette
- ▶ 2 Bretter mit 80 x 15 cm Länge für Boden und Rückseite des Blumenkastens (Maße sind nur Anhaltspunkte und sollten an der verwendeten Palette überprüft werden)
- ▶ 6 Schrauben, 55 mm

BAUPLAN

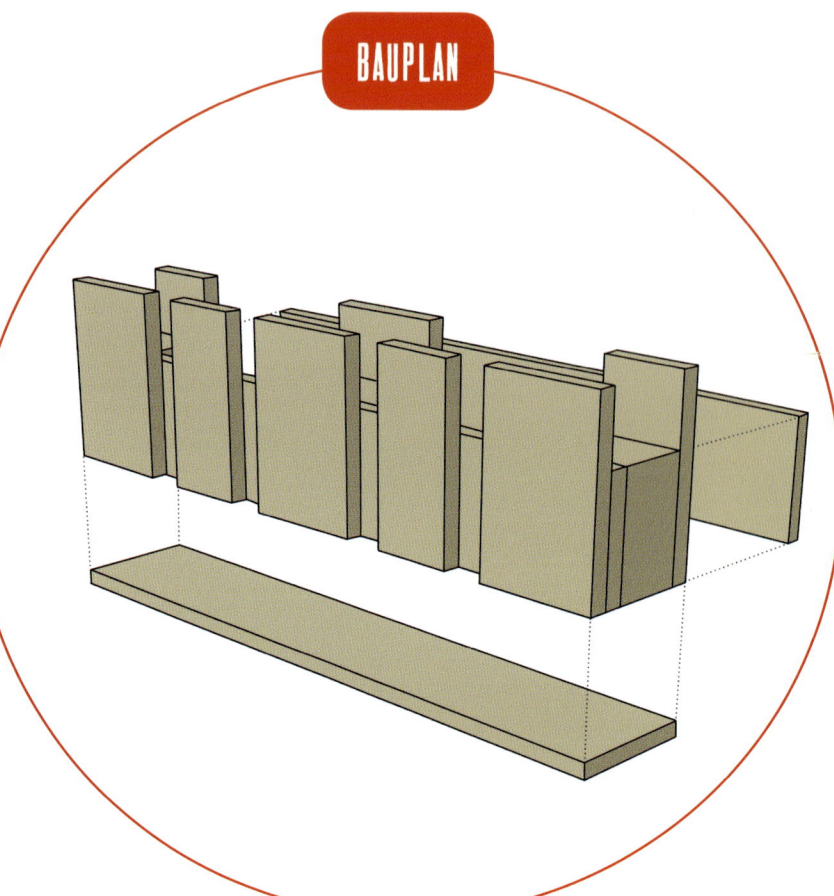

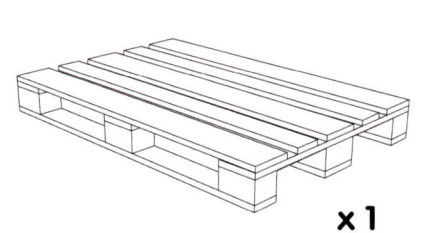

x 1

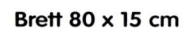

Brett 80 x 15 cm

x 2

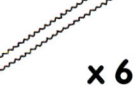

x 6

Tackern Sie eine Plane auf das Holz, damit Sie den Blumenkasten direkt bepflanzen können, ohne dass das Holz auf Dauer beschädigt wird.

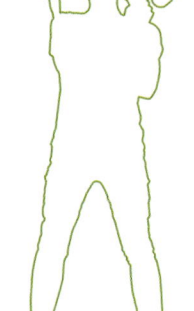

WERKZEUG

Akkuschrauber
Hand- oder Kreissäge

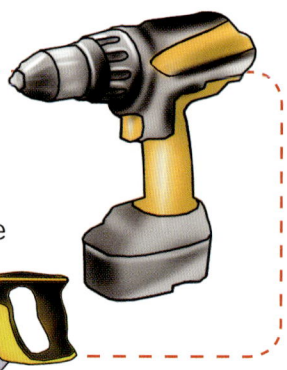

AUSARBEITUNG

Denken Sie daran eine feste Plane auf den Boden des Blumenkastens zu tackern, um diesen vor Feuchtigkeit zu schützen. Andernfalls müssten Sie die Pflanzen in den Töpfen lassen, der Blumenkasten wäre also nur ein Übertopf.

Tipp: Lackieren Sie für eine längere Lebensdauer Ihre Möbel mit Klarlack und falls Sie den Blumenkasten im Außenbereich anbringen, bietet der Lack Schutz vor Witterungseinflüssen.
Für dieses Möbel haben wir die Gestaltungsvariante Natur-Look gewählt. Die Paletten wurden nur abgeschliffen und gestrichen. Tragen Sie vor dem Abschleifen eine erste Schicht weiße Farbe auf. Das rückwärtige sowie das Bodenbrett aus Sperrholz wurden ebenfalls gestrichen.
Verwenden Sie hierfür einen Schleifer, Schleifpapier mit 120er Körnung, weiße Farbe, Farbe Ihrer Wahl und eine Dose Klarlack (oder eine Lackspraydose).

SCHRITT-FÜR-SCHRITT

A. Legen Sie die Palette auf den Boden. Kürzen Sie diese quer, nach der ersten Klotzreihe. Der Abstand zur Klotzreihe sollte mindestens 20 cm betragen – Maße, die Sie nach Belieben anpassen können. ▼

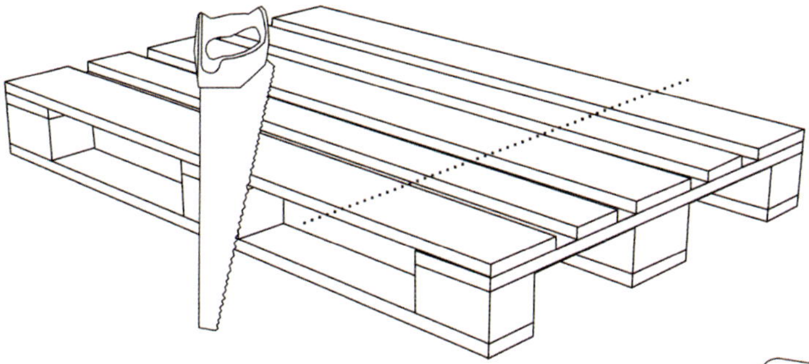

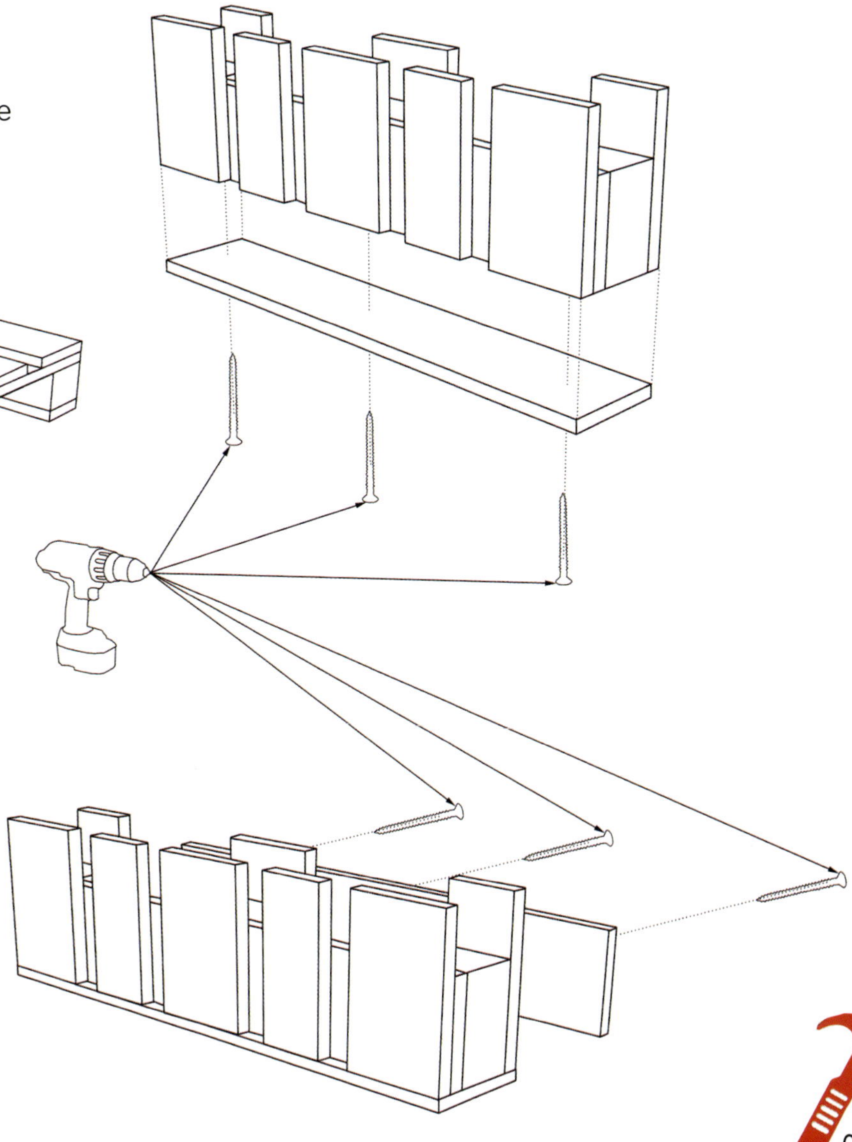

B. Stellen Sie das abgesägte Palettenstück hochkant auf eines der beiden zusätzlichen Bretter. Befestigen Sie es mit drei Schrauben in den Palettenklötzen. Befestigen Sie das zweite Brett an der Rückseite des Blumenkastens. Nun können Sie den Blumenkasten mit den schönsten Blumen bepflanzen. ▶

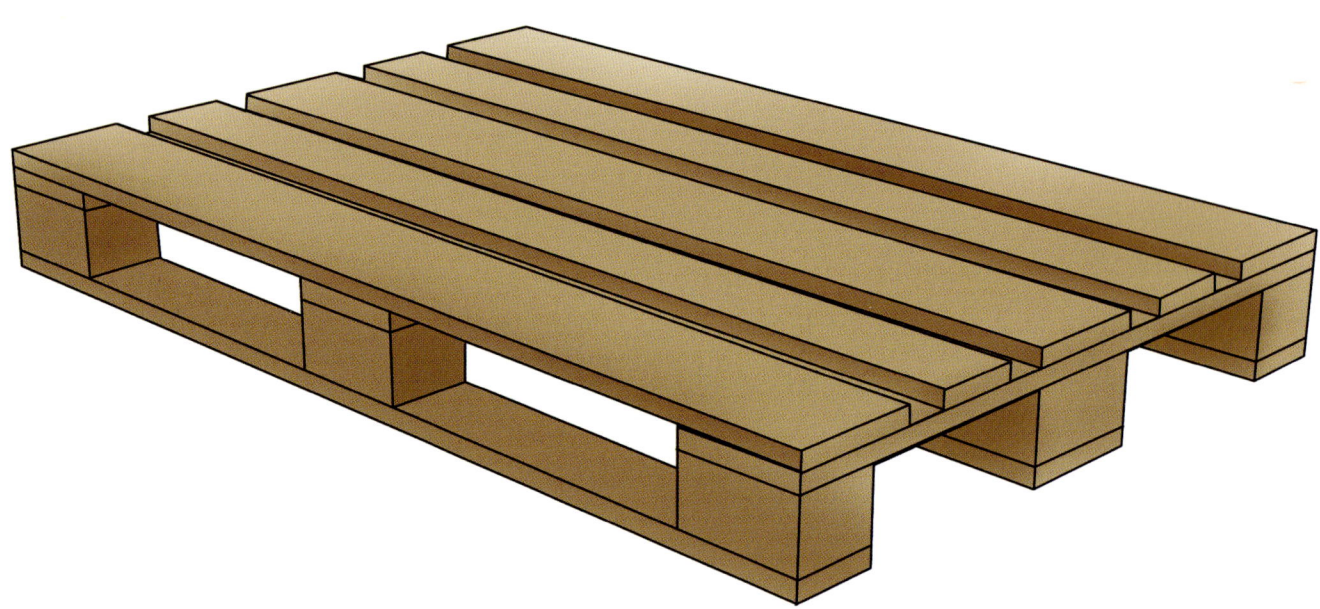

Herausgegeben 2014 von Les Editions de Saxe, www.edisaxe.com
Originaltitel les Meubles en palettes
© 2014 by Les Editions de Saxe

© Deutsche Ausgabe LV·Buch im Landwirtschaftsverlag GmbH, 48084 Münster, 2015
2. Auflage 2015

Übersetzung: Petra Bös, Offenburg
Redaktion: Julie Dubout
Gestaltung/Zeichnungen: Maud Vignane, Alban Lecoanet
Fotos: Didier Barbecot
Titelgestaltung: Birgit Decker, www.entdecker-design.de
Druck: Westermann Druck Zwickau GmbH

ISBN 978-3-7843-5372-2